CIÉTÉ NATIONALE D'AGRICULTURE DE FRANCE
18, RUE DE BELLECHASSE

LA
BERGERIE DE RAMBOUILLET
ET LES MÉRINOS

PAR

M. LÉON BERNARDIN
ANCIEN DIRECTEUR

PARIS
TYPOGRAPHIE GEORGES CHAMEROT
19, RUE DES SAINTS-PÈRES, 19
1890

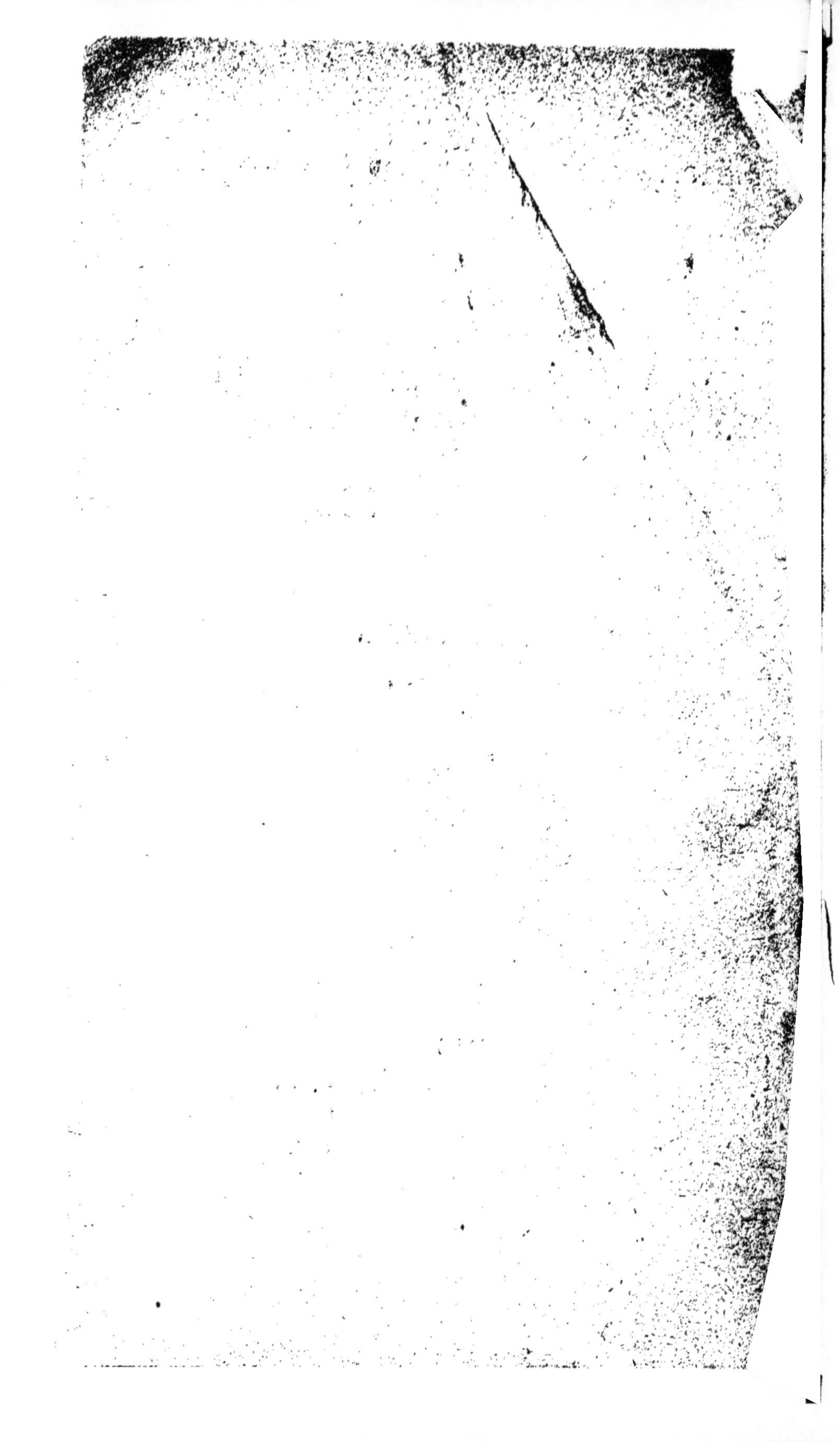

LA BERGERIE DE RAMBOUILLET

ET LES MÉRINOS

PAR

M. LÉON BERNARDIN

ANCIEN DIRECTEUR

ORIGINE DU MÉRINOS ET CRÉATION DE LA BERGERIE DE RAMBOUILLET

On rapporte que l'Espagne, après avoir reçu le mérinos de l'Afrique vers la fin du XIVe siècle, en était arrivée, au XVIIIe siècle, à avoir le monopole de la production des laines fines, et qu'elle ne vendait ces laines à l'étranger que parce que ses manufactures étaient insuffisantes pour les employer.

On nous apprend aussi qu'en France, où on achetait chaque année de ces laines pour des sommes importantes, on se demanda si un jour, après avoir multiplié ses fabriques, l'Espagne ne serait pas tentée de prohiber la sortie de la laine comme elle prohibait l'exportation des animaux qui la produisaient.

Trudaine, intendant des finances, avait eu cette inquiétude dès 1766. En 1776 pour chercher à parer au danger dont on pouvait être menacé, il consulta Daubenton sur la possibilité d'améliorer les laines de France et de se passer ensuite de celles d'Espagne pour la fabrication des draps fins.

Daubenton, déjà édifié par ses travaux antérieurs, jugea cette idée réalisable et fut chargé et mis en mesure d'en faire l'essai dans son domaine de Montbar. Ses études et ses expériences confirmèrent pleinement ses espérances.

Les choses en étaient là en 1785, quand Louis XVI, qui deux ans auparavant avait acheté le domaine de Rambouillet au duc de Penthièvre, fit construire, au milieu du grand parc qui en dépendait, la ferme expérimentale dans laquelle on voulut mettre à l'essai les arbres, les cultures et les animaux des divers pays.

La ferme construite, on songea à la meubler de diverses races et espèces d'animaux domestiques de choix.

Les mérinos espagnols, alors en grande réputation, qui déjà avaient attiré l'attention de plusieurs contrées d'Europe, ne pouvaient être oubliés.

M. d'Angivillier, intendant général du domaine de Rambouillet, consulta Daubenton et Tessier à leur sujet, et, sur l'avis de ces hommes de science et d'expérience, il fit demander par Louis XVI, à son parent le roi d'Espagne, la liberté d'importer des cavagnes ou bergeries si renommées de son pays, un troupeau de bêtes à laine superfine.

Cette demande fut très favorablement accueillie, et le 15 juin 1786 un troupeau était réuni aux environs de Ségovie et partait pour la France sous la conduite de bergers espagnols.

En se mettant en marche, ce troupeau comprenait 383 têtes dont : 334 brebis, 42 béliers et 7 moutons conducteurs.

Ces bêtes provenaient des cavagnes suivantes, toutes de races léonèses :

Pérales.	58 têtes.	Alcola.	37 têtes.
Perella.	50 —	San Juan.	37 —
Paular..	48 —	Portago.	33 —
Negressi.	42 —	Iranda	20 —
Escurial.	41 —	Salazar.	17 —

Dix-sept bêtes moururent durant le voyage. Au dire de M. Bourgeois père, placé à la tête de l'établissement rural depuis le 14 août, à l'arrivée à Rambouillet le 12 octobre 1786, il ne restait plus que 366 têtes dont : 318 brebis, 41 béliers et les 7 moutons conducteurs.

Telle est en quelques mots l'origine du troupeau de Rambouillet.

La liste des bergeries qui fournirent leur contingent à sa formation prouve que les grands propriétaires espagnols s'associèrent avec empressement aux bienveillantes dispositions de leur souverain ; qu'ils se firent un honneur de seconder ses vues en permettant de choisir parmi leurs cavagnes des sujets capables d'en donner la plus haute idée.

Bien que le troupeau ainsi obtenu par le roi de France ne fût pas à proprement parler un don, les animaux qui le constituèrent durent, par le choix qui en fut fait par deux Espagnols très experts, avoir quelque chose de l'exquise qualité des objets que l'on s'offre gracieusement.

C'était, d'ailleurs, ce qu'avait entendu le roi d'Espagne puisque, dit-on, « il avait donné des ordres pour que les animaux livrés fussent en bon état et eussent la laine la plus belle ».

Tout tend donc à prouver que la première importation des mérinos faite à Rambouillet, la seule qui à vrai dire ait constitué le troupeau, se composait réellement d'animaux d'élite.

PREMIERS TEMPS DU TROUPEAU DE RAMBOUILLET

Malheureusement, dans son voyage, le troupeau avait dû prendre le germe de la clavelée, car cette maladie se déclara nettement environ six semaines après l'arrivée à Rambouillet. Elle fit perdre, dit M. Bourgeois père, « 35 brebis et une très grande quantité de petits agneaux ».

Le premier accroissement du troupeau, par des naissances, est de janvier 1787, au moment où la clavelée sévissait.

Par suite de cette fatale coïncidence et toujours d'après M. Bourgeois, « cet élevage, le seul fait par les bergers espagnols, ne mena à bien que 140 agneaux ».

Les années suivantes donnèrent, sans nul doute, une meilleure proportion d'agneaux réussis, car on ne signale rien de particulier à leur sujet. Toutefois, elles ne fournirent pas d'abord un chiffre absolu bien supérieur, puisque les agneaux portés successivement en augmentation d'effectif sont :

En 1788.. . . .	166	agneaux.	En 1795.. . . .	214	agneaux.
En 1789.. . . .	165	—	En 1796.. . . .	240	—
En 1790.. . . .	153	—	En 1797.. . . .	215	—
En 1791.. . . .	157	—	En 1798.. . . .	220	—
En 1792.. . . .	162	—	En 1799.. . . .	184	—
En 1793.. . . .	185	—	En 1800.. . . .	174	—
En 1794.. . . .	214	—			

Le faible nombre des naissances, pendant les premières années de cette série, tient à ce que M. le comte d'Angivillier avait distrait du troupeau, pour les distribuer en dons par ordre du roi, une notable quantité de brebis, savoir :

44	données	à divers	en septembre 1787.
60	—	—	de décembre 1787 à mars 1788.
70	—	—	de mai à décembre 1789.
18	—	—	en juin et septembre 1790.

38 brebis avaient aussi été vendues à divers éleveurs en octobre, novembre et décembre 1789.

Ce dernier mode fut généralement adopté dès la fin de 1790.

On commença à vendre aux enchères publiques en 1793; mais les dons se continuèrent néanmoins encore quelque peu.

En récapitulant, on trouve que la bergerie poursuivant son œuvre de propagation, fournit, par ces divers modes, les reproducteurs mâles et femelles que voici :

En 1790.	112	bêtes,	dont 18	données.
En 1791.	114	—		
En 1792.	110	—		
En 1793.	125	—	dont 10	données.
En 1794.	139	—	— 2	—
En 1795.	154	—	— 14	—
En 1796.	199	—	— 8	—
En 1797.	197	—	— 4	—
En 1798.	156	—		
En 1799.	149	—		

Ces chiffres disent que dès cette époque le mérinos avait pris racine en France; qu'il y était apprécié et qu'on en comprenait toute la valeur.

L'importance et l'avantage de ces bêtes pour le pays étaient tellement sentis que, par une clause secrète du traité de Bâle, la France imposa à l'Espagne l'obligation de lui laisser importer 5,000 bêtes à laine selon les uns, et 10,000 selon d'autres.

Parvenu à ce point, le troupeau pouvait se croire à l'abri de toute éventualité pour l'avenir. Il n'en fut pas toujours ainsi cependant, comme en témoignent les quelques indications qui suivent.

La loi du 1er juin 1791 avait excepté le parc de Rambouillet de la vente des domaines nationaux. Mais à la suite d'un arrêté, du 22 juin 1791, du Conseil général de Seine-et-Oise, la municipalité de Rambouillet fit mettre les scellés sur la ferme et les troupeaux.

Des réclamations se produisirent contre une telle situation et, le 2 juillet 1791, le Directoire ordonna la levée des scellés, prescrivit un inventaire sommaire de la ferme et des troupeaux et mit le tout sous la garde et la responsabilité du régisseur.

Plus tard, le 13 octobre 1792, le ministre des contributions publiques ayant décidé que l'établissement rural serait loué et les mérinos mis à cheptel, Tessier, Huzard et l'économe s'employèrent près de la Commission d'agriculture et des arts contre cette décision, et le 24 mai 1794, le Comité du salut public arrêta que la ferme de Rambouillet « serait conservée pour des expériences d'agriculture et d'économie rurale, qu'elle continuerait d'être exploitée aux frais et pour le compte du gouvernement ».

Le Comité d'agriculture et des arts de la Convention nationale fit plus : par un arrêté du 10 janvier 1795, il réglementa les principaux points de la gestion. Entre autres choses, il fixa le minimum au-dessous duquel l'effectif du troupeau ne pouvait descendre; fit défense expresse de laisser introduire dans le parc, sous quelque prétexte que ce soit, aucune bête à laine ne faisant pas partie du troupeau (1); il autorisa la Commission d'agriculture à aménager des bâtiments en bergeries propres à servir de modèles, etc.

En 1830 on eut aussi des craintes pour l'existence du troupeau, car le Conseil municipal de Rambouillet, dans sa séance du 22 août 1830, émit un vœu pour sa conservation.

Ces craintes étaient fondées et furent lentes à se calmer, car dans le procès-verbal du 27 décembre 1832 on lit ceci : « La suppression de l'établissement ayant été décidée au Conseil des ministres, le Conseil dûment autorisé émet le vœu que d'instantes sollicitations soient adressées aux ministres pour la conservation de ce précieux établissement. MM. Bourgeois, Aubry et Besnard sont chargés de la rédaction du mémoire à adresser. »

A la suite de ces démarches une ordonnance royale du 8 janvier plaça l'établissement dans les attributions du Ministère du commerce et des travaux publics.

Après 1848 on eut aussi des inquiétudes. On parla de supprimer le troupeau national ou de l'envoyer à l'Institut agronomique de Versailles; mais les directeurs de la bergerie et le Conseil municipal de Rambouillet intervinrent près du ministre et du Président de la République, et les choses restèrent en l'état.

Il semble que les pouvoirs publics ont fini par comprendre l'intérêt qui s'attache au troupeau de Rambouillet à des points de vues divers; qu'ils ont reconnu

(1) C'était sans doute une protestation contre l'envoi, l'année d'avant, de 100 béliers et de 30 brebis Dishley, provenant du troupeau de M. Desportes, de Boulogne-sur-Mer, pour être vendus à la bergerie même après la vente des mérinos de Rambouillet.

que le supprimer serait enlever à la France agricole un de ses plus beaux fleurons, et que le déplacer ce serait lui faire perdre le prestige du nom sous lequel il est si universellement connu. Aussi voit-on que le troupeau ne fut en aucune manière mis en question à la suite des événements de 1870.

SECONDE IMPORTATION ET MULTIPLICATION DES BERGERIES DE L'ÉTAT

Le gouvernement, s'inspirant des heureux résultats de sa première tentative, profita de la faculté qu'il s'était réservée d'importer des mérinos pour créer, sur divers points du territoire, des bergeries établies sur le modèle de celle de Rambouillet et qui, pour leur régions respectives, devaient remplir le but que l'on s'était proposé en fondant la première, la seule qui ait survécu, car les nouvelles n'eurent qu'une existence éphémère.

Dans ce but, Gilbert, professeur et directeur adjoint de l'École d'Alfort, qui pendant la tourmente révolutionnaire avait concouru à préserver le troupeau de la destruction et qui depuis l'avait suivi attentivement, fut envoyé en Espagne pour y faire des acquisitions de bêtes à laine pour le compte de l'État.

Sa mission fut pénible et elle lui devint fatale.

Il partit au commencement de 1799, et le 20 mai il écrivait de Madrid à M. Bourgeois père : « J'ai vu André Gil Hernanz (1); nous avons fait ensemble des courses et l'achat de 700 bêtes dont je suis médiocrement con-

(1) C'était le chef des bergers espagnols qui avaient amené le premier troupeau à Rambouillet et avec qui M. Bourgeois était resté en relations.

tent, quoique je les aie choisies parmi les plus beaux troupeaux. Il y en a que j'ai été obligé de prendre pour obtenir celles qui me plaisaient davantage. En général, je n'ai point trouvé de bêtes qui, pour la taille et la quantité de laine, fussent comparables aux nôtres, et quant à la qualité je n'y vois en vérité aucune différence, je dis avec les plus beaux, car la plus grande partie ont les cuisses, les jambes et la tête couvertes de jarre. Le poids moyen des toisons s'élève tout au plus à 5 livres. »

D'après Tessier, Gilbert « ne put terminer ses achats dans l'année; il envoya les bêtes déjà achetées passer l'hiver dans les plaines de l'Estramadure. La saison fut si pluvieuse qu'il périt plus de la moitié du troupeau; ce qui en réchappa fut soupçonné d'être atteint de la pourriture. Ce motif détermina Gilbert à se défaire de ce qui lui restait, afin de n'en amener en France que de très saines. Il en acheta d'autres dans les pays non suspects et les choisit avec grand soin. »

Dans une lettre de M. Bourgeois du 9 janvier 1801, on lit ceci : « Le citoyen Gilbert avait complètement rempli le but de son voyage, à la veille de tomber malade il expédia 1,030 et quelques bêtes pour Perpignan, qui y sont arrivées il y a à peu près deux mois, attaquées de la maladie du claveau. »

Les animaux, en effet, d'après d'autres documents, étaient arrivés à Perpignan fin septembre 1800.

Pour comprendre comment Gilbert n'avait pu terminer ses achats dans la première année et y mit presque toute la seconde, il faut se rappeler ce qu'ont dit certains critiques de la négligence que l'on mit à répondre à ses demandes. Ils présentent Gilbert comme une victime de ce délaissement (1); c'est là sans doute une exagération qu'explique la sympathie qu'il méritait. Il mourut le 8 septembre 1800, chez ce même Hernanz dont il parle dans sa lettre à M. Bourgeois.

En mai 1801, celles de ces bêtes, au nombre de 237, qui étaient destinées au nord de la France, quittèrent Perpignan sous la conduite de Chencau Latouche, neveu de Gilbert. Elles arrivèrent à Rambouillet le 11 juillet après 55 jours de marche.

Parmi ces animaux, 46, dont 6 béliers, étaient pour la bergerie de Rambouillet elle-même. Ce fut là le second et dernier contingent que l'établissement reçut d'Espagne. Il paraît surtout avoir eu pour but de servir de terme de comparaison avec les sujets issus de la première importation.

Cette comparaison, que l'on avait en vue, s'est faite aussitôt, mais d'une manière qui ne peut nous satisfaire aujourd'hui, ainsi qu'on l'établira en cherchant à se rendre compte de ce qu'était le mérinos lors de sa première importation à Rambouillet et successivement ce qu'il a été depuis.

Sans attendre davantage, on peut déjà prévoir ce qu'elle sera si on se reporte à la lettre de Gilbert à M. Bourgeois, si l'on tient compte des conditions respectives dans lesquelles se trouvaient Gilbert et les Espagnols qui avaient choisi les bêtes de la première importation, enfin si on se demande ce qu'étaient les troupeaux espagnols aux deux époques.

Gilbert n'avait pas à choisir, comme en 1786, dans

(1) Dans une lettre du 10 vendémaire au 9, de Tessier à M. Bourgeois, on trouve ce passage : « Ce pauvre Gilbert, la plus digne créature du monde, a donc fini sa carrière, victime de son zèle, de son amour pour son pays et de la négligence que l'on a mise à lui fournir les fonds... »

outes les bergeries les plus en renom, qui y trouvaient un honneur, des sujets dignes d'être en quelque sorte offerts en hommage au souverain d'une nation amie; non, il allait au contraire exercer un droit, prélever une sorte de tribut, chercher une rançon déguisée, et il ne devait pas par conséquent rencontrer généralement des dispositions tout à fait bienveillantes.

Bourgoing, qui avait été ministre plénipotentiaire à la cour de Madrid, prouve que l'on n'avait pas attendu jusque-là et qu'il n'était pas besoin de ces motifs particuliers pour être très réservé en Espagne sous ce rapport.

Dans son ouvrage il dit que l'un des bergers espagnols qui avaient amené le troupeau à Rambouillet fut, au commencement de 1787, au moment de quitter la France pour rentrer dans son pays, présenté à l'ambassadeur d'Espagne à Paris et que l'accueil que lui fit ce dernier fut significatif; car le pauvre berger, au lieu de recevoir des félicitations pour la mission qu'il avait remplie, entendit son ambassadeur protester contre la faveur qui avait été faite à la France et dire que, s'il n'avait dépendu que de lui, pas un seul mouton n'aurait franchi les Pyrénées.

Or, quand Gilbert fut appelé à faire ses acquisitions, ces sentiments d'égoïsme avaient eu bien plus le temps de se faire jour, surtout après que les deux nations avaient été en guerre et alors que l'on voyait le mérinos se répandre et prospérer dans notre pays.

Et puis, qu'étaient alors, relativement, les troupeaux dans lesquels Gilbert venait puiser?

Pendant les guerres ils avaient dû être troublés dans leur existence, assujettis à des contacts, à des mélanges dangereux et exposés à des privations de toutes sortes.

Par suite de la désorganisation du pays, la « mesta » qui avait jusque-là favorisé l'entretien et la prospérité des troupeaux, la mesta déjà depuis un certain temps attaquée et battue en brèche, avait perdu de son influence et de son efficacité. Une période de décadence avait commencé et s'est continuée à tel point que, depuis bon nombre d'années, on ne retrouve plus rien en Espagne qui représente les mérinos si vantés d'autrefois.

De toutes ces circonstances on peut induire que le troupeau introduit en 1786 était nécessairement supérieur à ceux qui l'ont été depuis.

CARACTÈRES SPÉCIAUX, POIDS, TAILLE ET PRODUITS DE L'ANCIEN MÉRINOS

Abandonnons ces considérations pour aborder l'étude du mérinos en lui-même, en nous appuyant sur ce qu'en ont dit les contemporains de ses premiers temps et sur les faits qui ont été consignés.

Gilbert, l'auteur de la seconde exportation, nous fournira notre point de départ.

Dans un mémoire qu'il rédigea, au nom d'une commission gouvernementale, avant d'aller en Espagne, et en se fondant conséquemment sur les mérinos de la première importation, qu'il avait vus et étudiés à Rambouillet, on lit ceci, sous le titre : *Choix des béliers et brebis de race pure :*

« Ce ne sont point les caractères d'un beau bélier ou d'une belle brebis que je me propose d'indiquer ici, ces caractères étant aussi variés que les races disséminées sur tous les points du globe, et tenant infiniment plus aux caprices, aux fantaisies, aux habitudes des hommes qu'à des règles certaines sur le vrai beau : les beautés de la race espagnole, les signes auxquels on peut reconnaître sa pureté : voilà ce qu'il entre dans mon plan de faire connaître ici.

« La taille des bêtes à laine de pure race d'Espagne varie depuis 24 jusqu'à 30 pouces (65 à 81 centimètres). On doit préférer les premières dans les lieux où les pâturages sont maigres, le sol aride et les substances supplétives rares. Il est de fait que sur des terrains de cette nature, deux cents bêtes à laine de petite taille trouvent leur nourriture où vingt de grande taille ne pourraient pas vivre ; ce qui est bien facile à comprendre, puisque des animaux de grande taille, ayant besoin d'une plus grande quantité d'aliments, ne peuvent se la procurer qu'en saisissant, à chaque fois, de plus fortes bouchées, ce qui n'est pas possible sur un terrain maigre ; ou qu'en parcourant le terrain avec une célérité double, ce qui ne l'est pas davantage.

« Le beau bélier espagnol, de race pure, a l'œil extrêmement vif et tous ses mouvements prompts ; sa marche est libre et cadencée, observation qui, je crois, n'a pas été faite, et qui est commune au cheval de cette contrée et peut-être même à toutes les autres espèces, sans excepter celle qui tient le premier rang ; la tête est large, aplatie, carrée ; le front, au lieu d'être busqué et tranchant, comme dans toutes nos races françaises, est sur une ligne droite, arrondi sur les côtés et très évasé ; les oreilles sont très courtes ; les cornes très épaisses, très longues, très rugueuses et contournées en spirale redoublée ; le chignon est large et épais, les épaules rondes, le dos cylindrique, le poitrail large ; le fanon descendant très bas, la croupe large et arrondie, tous les membres gros et courts.

« Son corps, trapu, est couvert d'une laine très fine, courte, serrée, tassée, imprégnée d'un suint beaucoup plus abondant que dans les autres races; elle s'étend sur toutes les parties du corps, depuis les yeux jusqu'aux ongles; elle réfléchit extérieurement une couleur grisâtre et quelquefois même noirâtre, due à la poussière et aux corps étrangers qui, s'attachant au suint dont la toison est imprégnée, forment une sorte de croûte rembrunie; divisée avec la main, elle laisse apercevoir une laine blanche, frisée, dont les brins sont d'autant plus serrés qu'elle est plus fine; on n'y découvre point, ou bien peu, de ces poils gros et durs qu'on connaît sous le nom de *jarre*.

« Il arrive quelquefois qu'on n'aperçoit aucun brin de jarre dans la laine; mais si l'on examine avec soin les joues des béliers ou des brebis, on y remarque un très grand nombre de petits poils plus gros que ceux du reste du corps et réfléchissant une couleur gris perlé très brillante. Ces poils ne peuvent faire aucun tort à la toison, mais il n'est pas rare de voir les béliers et les brebis dans lesquels ils se trouvent, donner des productions dont la laine est jarreuse.

« Dans les béliers de race bien pure, les testicules sont très gros, très pendants et séparés par une ligne d'intersection parfaitement bien marquée.

« On doit éviter que le bélier n'ait sur la peau la plus légère tache noire, l'expérience ayant démontré que ces taches s'étendaient dans les productions et que quelquefois même il en provenait des agneaux tout noirs. On porte le scrupule jusqu'à rejeter les béliers qui ont quelques taches noires sur la langue, ce qui n'est pas très rare. Je crois que ce scrupule résulte d'une erreur. J'ai l'expérience que des béliers qui avaient quelques taches noires dans la bouche n'ont donné que des agneaux très blancs.

« La brebis la plus belle est toujours celle dont les formes se rapprochent le plus des caractères qui constituent la beauté dans le mâle. »

En rapprochant de cette description des animaux les aquarelles faites au sixième en 1801 et 1802 par Maréchal et de Wailly, dessinateurs au Muséum, on trouve certaines divergences.

On voit que si le signalement répond bien aux dessins représentant les sujets issus de la première importation, il ne concorde plus suffisamment avec les portraits des animaux nouvellement arrivés.

La poitrine de ces derniers semble étroite et peu descendue ; leur cou est long, leur tête petite et peu couverte, et leurs membres sont relativement grêles et nus.

Des chiffres précis et judicieux, pris sur les animaux, seraient bien préférables à une description et à des images, si exactes qu'on puisse les admettre. Ce serait une base d'appréciation beaucoup plus solide sur laquelle nous devons chercher à nous appuyer de préférence.

Malheureusement, autrefois les fermes n'étaient pas pourvues des balances commodes dont on dispose aujourd'hui ; ce qui fait qu'on pesait peu, et pour les animaux les dimensions sur lesquelles on s'appuyait pour tenir lieu du poids n'étaient pas toujours les plus utiles à connaître.

Pour les premiers temps, ces renseignements font complètement défaut. Ce que l'on retrouve ensuite est incomplet, manque de généralité, ou n'est pas ce que l'on eût pu désirer. Je les donne néanmoins, recommandant à chacun de n'en tenir que le compte que leur insuffisance comporte.

Le premier document que l'on rencontre est une note de M. Bourgeois père ; elle résume le produit de la tonte de 1794. Les poids, exprimés en livres, et n'ayant généralement aucune fraction, semblent par cela même n'avoir pas été poussés au dernier degré de précision. Cela est dû sans doute à ce qu'alors on vendait la laine à la toison et qu'on évaluait plutôt qu'on ne pesait réellement la laine marchande, partie principale de la dépouille.

La laine du ventre, des cuisses et de la tête était tenue en dehors de la toison, rassemblée en un lot et vendue à part. Le poids total de la laine de cette catégorie est indiqué avec précision, et, réparti uniformément sur tous les animaux qui l'ont fourni, il représente 370 gr. par bête.

Le tableau ci-dessous donne ces divers chiffres :

Tonte de l'an II (mai 1794). Rendement par tête.

EFFECTIFS.	CATÉGORIES D'ANIMAUX.	LAINE DE TOISON.	LAINE INFÉRIEUR	DÉPOUILLE TOTALE.
13	Vieux béliers.	3k,880	0k,370	4k,250
86	Jeunes béliers.	2k,910	0k,370	3k,280
99	Béliers de tout âge. .	3k,030	0k,370	3k,400
199	Brebis mères.	2k,910	0k,370	3k,280
67	Brebis de 2 à 3 ans. . .	2k,910	0k,370	3k,280
85	Antenaises.	2k,670	0k,370	3k,040
351	Brebis de tout âge . .	2k,850	0k,370	3k,220

En 1800, pendant que leur collègue était en Espagne, Tessier et Huzard donnaient à la section de l'Institut des renseignements analogues sur la tonte du troupeau, avec cette différence toutefois que les poids de la laine formant le corps de la toison sont précis, tandis que celui de la laine inférieure, qu'ils estiment à 250 grammes par tête, n'a pas été pris. Voici ce qui résulte de leurs données :

Tonte de l'an VIII (mai 1800). Rendement par tête.

EFFECTIFS.	CATÉGORIES D'ANIMAUX.	LAINE DE TOISON.	LAINE INFÉRIEURE	DEPOUILLE TOTALE.
26	Béliers.	4^k	$0^k,250$	$4^k,250$
180	Brebis mères.	$3^k,213$	$0^k,250$	$3^k,463$
59	Antenaises.	$3^k,607$	$0^k,250$	$3^k,857$
239	Femelles de tout âge.	$3^k,310$	$0^k,250$	$3^k,560$

Ces chiffres concernent les descendants des sujets de la première importation. On peut les comparer à celui que donnait Gilbert, à la même date, touchant les bêtes qu'il visitait en Espagne et dont, à son appréciation « le poids moyen des toisons s'élève tout au plus à 5 livres de laine ».

Les animaux qui existaient alors à Rambouillet étaient donc supérieurs, comme poids de toison, à ceux d'Espagne parmi lesquels Gilbert était appelé à faire ses acquisitions.

Pour être juste, il faut reconnaître que la comparaison des tontes de 1794 et de 1800, relatées aux deux tableaux qui précèdent, constate qu'à Rambouillet, en six ans, les animaux ont progressé sous ce rapport, et que ce progrès peut avoir commencé dès 1786.

Mais si on admettait cette hypothèse que l'accroissement du poids des toisons a été régulier depuis l'arrivée du troupeau, et que de ces chiffres on veuille déduire le produit en laine en 1786, on trouverait encore que les bêtes de la première importation étaient supérieures, qu'elles conservent un avantage sensible sur celles des troupeaux d'Espagne en 1800.

Pour avoir des données précises sur les animaux eux-mêmes, il faut arriver à 1802, alors que, conformément aux ordres et aux instructions de Tessier, on compare, à Rambouillet même, les bêtes issues de la première importation à celles qui ont constitué la seconde et qui depuis dix-neuf mois avaient quitté l'Espagne.

Je passe, pour l'instant, sous silence ce qui se fit d'analogue quinze mois auparavant à Rambouillet d'un côté, et à Perpignan de l'autre, les directeurs des deux bergeries pouvant ne pas procéder exactement de la même manière dans le choix des sujets et la prise des dimensions.

On peut même dire que ce qui se fit à Rambouillet ne satisfait pas complètement.

1° Parce que l'on n'a pas opéré sur un nombre suffisant d'animaux ;

2° Parce que l'on avait choisi les plus beaux ;

3° Parce que les bêtes de la deuxième importation se trouvaient favorisées, puisqu'elles avaient un mois de laine de plus et qu'en outre elles avaient été placées dans de meilleures conditions d'existence ;

4° Parce que, pesant les animaux en mai avec leur

laine, on a omis de prendre à part la laine de chacun, lors de la tonte ;

5° Enfin parce que, le poids excepté, les bases adoptées pour cette appréciation sont si peu essentielles qu'elles manquent de valeur réelle.

Relativement à ce dernier point, on voit en effet qu'on s'attache à la taille, qui peut différer par le fait seul de la longueur des jambes sans impliquer nécessairement une différence de corpulence.

On note la longueur depuis la naissance de la queue jusqu'à la nuque, et les différences peuvent s'attribuer à l'encolure plus ou moins raccourcie ou allongée.

La circonférence est prise au plus gros du corps, évidemment au ventre, et elle variera suivant que l'animal sera pansu ou levretté.

Ces réserves faites, voici ce qui résulte du tableau fourni par Tessier et Huzard.

Pesées faites en mai 1802.

	1re IMPORTATION.		2e IMPORTATION.		DIFFÉRENCES en faveur de la 1re IMPORTATION.
	POIDS INDIVIDUELS.	POIDS MOYEN.	POIDS INDIVIDUELS.	POIDS MOYEN.	
	kilogr.	kilogr.	kilogr.	kilogr.	kilogr.
Béliers.	60 66,500 70	65,500	53 53,500 49	51,833	13,667
Brebis.	53 44,500 48	48,333	39,500 33,800 34	35,766	12,567

Mesures prises en mai 1802.

	HAUTEURS		LONGUEURS		GROSSEURS	
	INDIVIDUELLES.	MOYENNES.	INDIVIDUELLES.	MOYENNES.	INDIVIDUELLES.	MOYENNES.
	mm.	mm.	mm.	mm.	mm.	mm.
Béliers, 1re importation.	0,72 0,70 0,76	0,726	1,36 1,32 1,30	1,326	1,07 1,07 1,11	1,083
Béliers, 2e importation.	0,56 0,67 0,61	0,643	1,22 1,19 1,18	1,196	1,01 1,05 1,06	1,043
Différences en faveur des premières. .		0,083		0,13		0,04
Brebis, 1re importation.	0,64 0,64 0,64	0,64	1,30 1,30 1,32	1,306	1,15 1,07 1,09	1,103
Brebis, 2e importation.	0,61 0,59 0,63	0,61	1,18 8,94 1,14	1,086	1,07 0,89 0,91	0,956
Différences en faveur des premières. .		0,03		0,22		0,147

Il est regrettable que la laine des animaux, objets de ces expériences, n'ait pas été pesée à part lors de la tonte qui se fit immédiatement après. Ces chiffres individuels nous eussent bien mieux renseignés que ceux que voici et dont nous sommes forcés de nous contenter :

Tessier dit qu'à cette tonte, trente toisons de brebis de l'ancienne importation ont pesé 115ᵏ 500, soit l'une.	3ᵏ 833
Tandis que le même nombre des toisons des brebis récemment importées n'ont pesé que 99ᵏ 500, soit l'une.	3 316
D'où, en faveur des premières, une différence par toison de.	0ᵏ 517

Mais si l'on tient compte de cette circonstance que les dernières avaient une toison d'un mois de croissance de plus, et qui, étant de 3ᵏ,316 pour treize mois, ne serait pour un an que 3^{k},061, on trouve que la différence réelle à l'avantage des brebis de la première importation est de 0^{k},772 de laine.

Si on supposait qu'en bloc les brebis de l'une et de l'autre importation sont dans les mêmes rapports de poids que les lots dont les pesées sont indiquées dans la première partie du tableau précédent, on trouverait que les bêtes de l'ancienne importation donnent une toison de 8^{k},55 p. 100 de leur poids vif après la tonte, tandis que les bêtes nouvellement importées donnent 9^{k},40.

Mais les conditions de parité que cette hypothèse implique peuvent être mises en doute. On voit, en effet, qu'au 17 janvier 1801 trois brebis de la nouvelle importation pesées et mesurées à Perpignan donnent des chiffres bien différents de ceux que des bêtes de la même importation ont accusés à Rambouillet. C'est qu'à Perpignan on a dû les choisir dans un autre type, un type plus râblé puisqu'elles ont à la fois un poids plus fort et moins de taille.

Si on rapportait aux brebis pesées à Perpignan la toison trouvée à Rambouillet pour les bêtes de la même importation, le rendement en laine ne serait que 7^{k},85 p. 100; enfin, si on se base sur la moyenne des poids on obtient 8^{k},62 p. 100. La proportion de laine serait alors sensiblement la même pour les deux importations.

Quoi qu'il en soit, on peut toujours conclure que sous le rapport du développement et du poids absolu des toisons, les bêtes issues de la première importation avaient une supériorité marquée sur celles nouvellement arrivées d'Espagne.

Cette supériorité est pleinement confirmée par les résultats de la vente publique de 1803.

A ces enchères, les béliers de la nouvelle importation n'ont atteint qu'environ moitié et les brebis les deux tiers des prix des bêtes de leur catégorie descendant de l'ancienne.

Tessier, rendant compte de la vente des laines de l'an X à Perpignan, constate que les toisons y pesaient de 3k,5 à 3k,7 en moyenne et que la même année les anciens animaux de Rambouillet fournissaient de 4k,6 à 4k,7.

L'an XI, l'ancienne importation donnait à Rambouillet 4 kilos par toison et la nouvelle seulement 3k,6.

Les documents manquent pour pousser plus loin cette comparaison et lui donner plus d'autorité.

Pour ne rien omettre de ce qui a trait à ces rapprochements, nous donnons, sous les réserves déjà faites, les mesures et les poids pris, à peu près en même temps, à Perpignan d'un côté, sur les bêtes de la récente importation, et à Rambouillet de l'autre, sur celles provenant de l'ancienne.

CATÉGORIES.	AGES.	POIDS.	HAUTEURS.	LONGUEURS.	GROSSEURS.
Opérations faites à Perpignan le 17 janvier 1801.					
SUR DES BÊTES IMPORTÉES EN 1800.					
Bélier. . . .	4 ans.	53,8	0,66	1,05	1,21
—	3 ans.	57,3	0,64	1,05	1,24
—	2 ans.	46,5	0,42	1,03	1,17
MOYENNES DES BÉLIERS.		52,2	0,57	1,04	1,21
Brebis. . . .	4 ans.	44	0,40	1,02	1,12
—	3 ans.	43	0,42	1,01	1,12
—	2 ans.	36,7	0,41	1,01	1,02
MOYENNES DES BREBIS.		41,2	0,41	1,01	1,09

CATÉGORIES.	AGES.	[illegible]	[illegible]	[illegible]	[illegible]
Opérations faites à Rambouillet le [illegible] février 18[illegible]1.					
SUR DES BÊTES PROVENANT DE L'IMPORTATION DE 1786.					
Bélier. . . .	4 ans.	[illegible]	0.71	[illegible]	1.24
—	3 ans.	61,[illegible]	0.72	1.17	1.31
—	2 ans.	[illegible]	0.72	[illegible]	1.27
MOYENNES DES BÉLIERS.		57,06	0.72	[illegible]	1.27
Brebis. . . .	4 ans.	46.21	0.67	[illegible]	[illegible]
—	3 ans.	48.66	0,68	[illegible]	1.27
—	2 ans.	46.70	0.66	1.18	[illegible]
MOYENNES DES BREBIS		46,86	0.67	1,16	1.26

En comparant ce qui se rapporte aux animaux de la seconde importation, dans ce tableau et celui qui précède, on verra qu'à Rambouillet on avait reçu ou l'on prenait le type haut sur jambes et long de corps et à Perpignan les sujets trapus et corsés. Tessier dira plus loin pourquoi on agissait alors ainsi à Rambouillet.

On pourra encore reconnaître que cette importation comprenait des bêtes de types assez éloignés et d'inégale valeur, dont les unes étaient sans doute de celles que, selon ses propres expressions, Gilbert, avait été obligé de prendre « pour avoir celles qui lui plaisaient davantage ».

VARIATIONS DANS LE POIDS DES ANIMAUX ET DE LEUR TOISON

Nous n'avons plus désormais à nous préoccuper que du troupeau de Rambouillet sans distinction d'importation.

Nous allons le suivre en rapportant les chiffres que nous avons rassemblés et à l'aide desquels on pourra se faire une idée de ce qu'il était et de la direction qu'on lui imprimait aux diverses époques.

En 1804 les rendements en laine sont les suivants :

	kilos.
45 béliers donnent en moyenne, l'un.	3,690
101 brebis, de 3 ans et plus, donnent, l'une.	3,780
60 brebis, de 2 à 3 ans donnent, l'une.	3,750
79 antenaises donnent, l'une..	3,003

En 1813, sur un tiers du troupeau dont la laine est pesée lors de la livraison à l'acheteur, on trouve pour :

	kilos.
13 toisons de béliers 73 kilos, soit l'une.	4,300
43 toisons de brebis 158 kilos soit l'une..	3,675
21 toisons de brebis, de 2 à 3 ans, 74 kilos, soit l'une.	3,525
29 toisons d'antenaises 102 kilos, soit l'une.	3,500

La moyenne générale est de 3^{k},840 par toison.

En 1817 le poids moyen des toisons est plus élevé. Il arrive à 4^{k},280 pour l'ensemble du troupeau.

En 1834, à sa rentrée à la direction de la bergerie, M. Bourgeois donne le poids des toisons de chaque bête, et pour beaucoup divers renseignements dont entre autres la hauteur au garrot. En voici le résumé.

CATÉGORIES.	NOMBRE de bêtes tondues.	POIDS MOYEN des toisons.	NOMBRE de bêtes mesurées.	HAUTEUR MOYENNE au garrot.
		kil.		
Béliers	107	5,560	56	0,705
Brebis de 4 à 8 ans.	146	3,625	146	0,62
Brebis de 2 à 3 ans.	60	3,533	60	0,63
Antenaises	77	3,405	1	0,63

En 1838 la tonte fournit les toisons suivantes :

	kilos.
49 béliers donnent une toison moyenne de.	5,100
201 brebis et 85 antenaises donnent en moyenne. . .	3,515

L'année qui précéda son départ définitif de Rambouillet, M. Bourgeois prit à la tonte les mêmes chiffres que l'on prend depuis : il indique le poids de chaque animal en regard de celui de sa toison. Nous lui devons les éléments du tableau qui suit, tableau que, afin de faciliter les rapprochements, on étendra aux années 1851, 1869, 1877 et 1887.

CATÉGORIES D'ANIMAUX.	NOMBRE de sujets.	AGES.	POIDS moyens après la tonte.	POIDS moyens des toisons.	LAINE pour cent de poids vif.
Tonte de 1847 (en juin).					
			kil.	kil.	
Béliers de réserve.	2	1 an 1/2.	93.750	6.250	6.66
Béliers divers. . .	10	18 et 30 mois.	95,300	5.370	5.63
Ensemble des beliers. . .	12	18 et 30 mois.	95,040	5.517	5.99
Brebis mères . . .	158	3 à 7 ans.	60.137	3.888	6.43
Jeunes brebis . . .	42	2 ans 1/2.	55.285	3.833	6.93
Antenaises.	77	1 an 1/2.	50.840	4.061	7.99
Ensemble des femelles . .	277	18 mois à 7 ans.	56.989	3.924	6,88
Tonte de 1851 (du 19 au 24 mai).					
Béliers de réserve.	4	1 an 1/2.	80,150	5.517	6,80
Brebis mères.. . .	194	3 ans 1/2 à 11 ans 1/2.	54.237	3.396	6,26
Jeunes brebis . . .	67	2 ans 1/2.	49,253	3,539	7.19
Antenaises. . . .	61	1 an 1/2.	47,112	4.022	8,48
Ensemble des femelles . . .	322	1 an 1/2 à 11 ans 1/2.	51.913	3,544	6,83
Tonte de 1869 (1re quinzaine de mai).					
Béliers adultes. . .	7	2 ans 1/2 et plus.	85.571	7,685	8.99
Béliers antenais. .	60	1 an 1/2.	67.550	6.531	9.07
Ensemble des beliers. . .	67	1 an 1/2 et plus.	69.433	6.654	9,58
Brebis mères.. . .	186	3 ans 1/2 et plus.	52.285	4,314	8,25
Jeunes brebis . . .	86	2 ans 1/2.	48.988	5,078	10.37
Antenaises	113	1 an 1/2.	45.185	4,877	10,79
Ensemble des femelles. .	385	1 an 1/2 et plus.	49.465	4,650	9.40

CATÉGORIES D'ANIMAUX.	NOMBRE de sujets.	AGES.	POIDS moyens après la tonte.	POIDS moyens des toisons.	LAINE pour cent de poids vif.
Tonte de 1877 (1re dizaine de mai).					
Béliers adultes. . .	15	2 ans 1/2 et plus.	[illegible]	8,290	10
Béliers antenais. .	64	1 an 1/2.	[illegible]	7.148	10,91
Ensemble des béliers. . .	79	1 an 1/2 et plus.	71.066	7.608	10.71
Brebis mères . . .	[illegible]	3 ans 1/2 et plus.	46. »	4.929	10,71
Jeunes brebis . . .	77	2 ans 1/2.	44.259	5.472	12.36
Antenaises.	110	1 an 1/2.	42.827	5,333	12.63
Ensemble des femelles. . .	524	1 an 1/2 et plus.	45.073	5,095	11,34
Tonte de 1887 (1re dizaine de mai).					
Béliers adultes. . .	56	2 ans 1/2 et plus.	74.500	9.160	12,29
Béliers antenais. .	82	1 an 1/2.	68.390	6.951	10.16
Ensemble des béliers. . .	138	1 an 1/2 et plus.	70.876	7.850	11.07
Brebis mères . . .	338	3 ans 1/2 et plus.	48.810	5.331	10.92
Jeunes brebis . . .	86	2 ans 1/2.	45. »	5,812	12.97
Antenaises	142	1 an 1/2.	42.901	5,317	12.39
Ensemble des femelles. . .	566	1 an 1/2 et plus.	46.719	5.101	11.56

CAUSES DE CES DIFFÉRENCES

Quand, à l'aide de ce tableau et de ceux qui l'ont précédé, on compare les animaux pris à leur origine, puis en 1834, en 1847 et 1877, etc., on se demande comment et sous quelles influences ils ont pu offrir les variations constatées tant dans leur poids que dans celui de leur toison.

On comprend ainsi l'utilité, la nécessité d'étudier et d'analyser en quelque sorte ce qui par l'un ou par l'autre pourrait être invoqué comme explication.

A. — *Le troupeau est resté pur et en réalité rien de particulier ne s'y est produit.*

Personne ne mettra en doute la pureté d'origine des mérinos de la bergerie de Rambouillet.

Or le troupeau, dès son arrivée d'Espagne, fut confiné dans le grand parc complètement clos de murs, et conséquemment à l'abri de toute mésaillance fortuite.

L'administration tenait, avant tout, à conserver la race pure. On voit, par ce que rapporte Tessier, d'un fait survenu à la bergerie d'Arles, combien on poussait loin le scrupule à cet égard.

« Sur l'avis donné qu'un bélier du pays s'était glissé dans le troupeau de la bergerie royale d'Arles, et qu'il avait pu couvrir quelques brebis, je m'y transportai, dit Tessier, je fis châtrer en ma présence tous les agneaux mâles; on marqua avec un emporte-pièce les agnelles, et l'ordre fut donné de se défaire de la production de l'année entière, ce qui s'exécuta promptement. M. de Chabrol, alors directeur de l'agriculture, ne manqua pas d'approuver cette mesure. »

Cette manière d'agir concorde parfaitement avec ce que le chef du bureau de l'agriculture écrivait à M. Bourgeois en 1834 :

« Le gouvernement peut seul, dit-il, fournir pour la reproduction des sujets dont la pureté ne puisse être mise en doute, et certainement aucun établissement particulier n'offrira sous ce rapport autant de confiance au public que les établissements appartenant à l'État, et surtout que le troupeau de Rambouillet dont, à cet effet, il faut maintenir la réputation comme celle de la femme de César... »

C'est précisément parce que le troupeau de Rambouillet a dû à sa situation et à la vigilance dont on l'a entouré de rester entièrement pur, qu'il ne s'y est jamais rien produit qui ressemble à ces soi-disant phénomènes qui ont été le point de départ de sous-races, et dont la plus nettement caractérisée est la race soyeuse, de Mauchamp et d'ailleurs.

Le troupeau de Rambouillet a été suivi avec assez d'attention pour que les particularités les plus faibles fussent notées et étudiées. Et quand, après avoir compulsé tout ce dont j'ai pu disposer, et m'être renseigné près des personnes à même de ne rien ignorer, je ne découvre rien qui mérite d'être signalé, je suis en droit d'affirmer (cela sans mettre en doute la bonne foi de personne) que si, ailleurs, dans des troupeaux réputés mérinos, il s'est produit des sujets caractéristiques dont on a fait souche, c'est que ces troupeaux n'étaient pas entièrement purs, ou bien que, sans qu'on le sache ou qu'on le veuille, certaines brebis avaient été exposées à quelque promiscuité.

Non, la vieille race mérinos a trop de fixité pour qu'on y admette la possibilité de tels écarts. Il ne serait pas très difficile d'ailleurs d'indiquer à quoi ces écarts les plus en renom doivent être dus. Il suffirait souvent d'étudier les milieux dans lesquels se trouvaient les troupeaux où ils se sont produits et certains caractères des sujets phénomènes, pour pouvoir dire avec une conviction, sinon avec une certitude entière : Voilà la cause à laquelle ils sont dus.

B. — *Quelle pourrait être l'origine du mouton soyeux?*

Je m'en serais tenu à ces généralités si, dans leur ouvrage sur le mouton, MM. Moll et Gayot ne disaient qu'il s'est produit du soyeux dans les mérinos à Rambouillet.

Cette assertion, qu'il était de mon devoir de ne pas laisser passer sans la démentir formellement, provient sans doute d'une confusion : on aura pris le troupeau personnel de M. Bourgeois, longtemps directeur de Rambouillet, pour le troupeau de Rambouillet lui-même, à moins qu'on ne veuille parler d'une mèche prélevée en 1824 sur une toison anormale et au sujet de laquelle je m'expliquerai en m'occupant des particularités de la laine.

On lit en effet, dans une notice publiée par M. Yvart sur le mauchamp, qu'au Perray, chez M. Bourgeois, le soyeux s'est produit tout comme à Mauchamp chez M. Graux.

M. Yvart cherche ensuite à prouver que le mauchamp ne résulte pas de béliers anglais, comme l'aspect de la laine et de certaines parties de l'animal porterait à le croire, et pour cela il invoque cette raison : c'est que la graisse du mauchamp est surtout à l'intérieur comme dans le mérinos, et non sous la peau comme dans les moutons d'origine anglaise.

Or si le soyeux s'était produit à Rambouillet, M. Yvart, inspecteur de la bergerie, ne l'aurait pas ignoré, il l'aurait mentionné dans sa brochure, et sa thèse de la non-intervention du dishley se serait trouvée bien simplifiée.

Et M. Bourgeois, avec qui j'ai été dix ans en fréquentes relations, qui me parlait des moindres détails, me l'aurait dit aussi.

Il n'en est donc rien.

Les observations de M. Yvart sur la répartition de la graisse peuvent fort bien n'avoir pas été suffisamment complètes et approfondies. Dans tous les cas il n'aurait pas maintenu son affirmation dans la suite après un nouvel examen des soyeux dont il avait constitué un troupeau pour l'État. Je crois bien au contraire qu'un examen attentif l'eût amené à une conclusion opposée, surtout s'il eût appris ce qu'écrit Alfred Leroy, que le troupeau de M. Graux était formé de métis-mérinos et non de mérinos purs, et s'il avait réfléchi à ce fait que M. Bourgeois, en même temps qu'il avait des brebis mérinos venant de Rambouillet, avait au moins un bélier anglais qui était donné à une partie de ses brebis.

Pour fournir la preuve de ce que je viens d'avancer, je puis communiquer un carnet de M. Bourgeois, sur lequel on lira, en regard des agneaux nés dans son troupeau, l'indication des *pères putatifs* de ces agneaux.

Cette indication est parfois ainsi formulée : « N°s 78, 88, 100, 102 ou l'anglais. »

Dans l'agnelage de 1829, alors que M. Bourgeois n'était plus et n'était pas encore redevenu directeur de Rambouillet, les mâles n°s 1632, 1845 et 1926 et les femelles n°s 1681, 1867 et 1915 ont cette origine douteuse.

Je citerai encore le mâle n° 11 et la femelle n° 12 qui sont donnés comme des demi-sang anglais.

Or si M. Bourgeois arrive à se demander si tel agneau a pour père un bélier mérinos ou un bélier anglais, c'est évidemment parce qu'il sait que la même brebis a pu être saillie par l'un et par l'autre.

Que faut-il de plus pour comprendre comment il a pu se faire que ses brebis, pures mérinos, aient donné des produits s'écartant de ce type et rappelant le dishley?

Pour mettre à l'abri de tout soupçon la loyauté des personnes en jeu dans cette question, je citerai un fait qui prouve qu'il n'est pas inadmissible qu'un agneau soyeux naisse de l'accouplement d'une brebis pure mérinos et d'un bélier mérinos également pur, si cette brebis a été fécondée antérieurement par un bélier dishley; fait qui montre que ce que l'on a appelé l'*infection* ou mieux l'*imprégnation* des femelles n'est pas toujours un vain fantôme.

C'était vers 1860. Une jument mulassière, du nom de *Sophie*, dont nous disposions, fut conduite à différentes reprises au baudet et donna deux mulets.

Plus tard, une station d'étalons ayant été établie sur la propriété, je proposai de faire saillir cette jument, non plus par le baudet, mais par un étalon arabe, très corsé, *Doru-Pacha*, né à Pau.

Je disais dans ma demande que je ne me dissimulais pas l'objection que l'on pouvait me faire, que les poulains à espérer pourraient se ressentir de l'emploi de la jument comme mulassière, mais que la dépense et la difficulté de l'envoyer au baudet, à 50 kilomètres de distance, enfin l'incertitude du résultat, étaient bien aussi à considérer.

L'objection que je devançais m'était dictée par le souvenir d'une vache offrant les caractères du durham par cela seul, nous disait-on, que sa mère, une bête schwitz, avait été fécondée antérieurement par un taureau anglais.

Je me souvenais aussi d'avoir entendu dire que les Arabes, par esprit de jalousie, dégradent d'avance les juments qu'ils consentent à vendre en les livrant à un étalon défectueux.

On m'accorda l'autorisation demandée, et la jument *Sophie* fut désormais saillie par *Doru-Pacha*.

Son premier produit avec cet étalon fut un poulain appelé *Doru* (1re partie du nom du père). Il mit complètement en défaut mes appréhensions. Ses formes furent irréprochables et ses allures très dégagées. Ses pieds seulement, surtout ceux de devant, laissaient à désirer : ils rappelaient par trop ceux de la mère.

L'année d'après, *Sophie*, toujours saillie par *Doru-Pacha*, donna un second poulain, *Pacha* (2e partie du nom du père), qui, bien qu'ayant la robe, les marques et presque la taille du premier, en différait très sensiblement.

Il offrait avec certaines atténuations tous les caractères du mulet : la tête, la crinière, l'encolure, le dos, la croupe, les pieds serrés, les allures rétrécies et, par-dessus tout, l'entêtement proverbial.

J'ai vu naître ces poulains ; je les ai dressés tant bien que mal à la selle et à la voiture ; je les ai ainsi utilisés jusqu'à l'âge de cinq ou six ans. J'en parle donc avec une parfaite connaissance.

J'ajoute que quand j'ai lu les premières relations de mules fécondes, je me suis involontairement rappelé ce qui précède, et que bien des fois je me suis demandé si ces mules ne seraient pas dans le cas de *Pacha*, à qui il n'aurait fallu que des oreilles un peu plus longues pour pouvoir être donné comme étant un mulet.

Il résulte pour moi de ce fait, qui ne permet pas d'équivoque, que les fécondations antérieures ne laissent pas toujours de traces ; que ces traces ne sont qu'une exception, puisque dans le cas présent on ne les a pas reconnues sur le premier poulain et qu'elles n'ont été apparentes que sur le second.

C'est peut-être cette rareté des traces, cette manifestation après un temps assez long ou intermittence, qui n'a pas souvent permis de remonter de l'effet à la cause, et a fait, jusqu'à ces derniers temps, nier l'influence dont il s'agit.

Je dis jusqu'à ces derniers temps, parce que les hommes instruits, ne sachant comment expliquer la chose, s'accordaient à la nier.

Mais aujourd'hui, il n'en est plus tout à fait ainsi, car on commence à admettre que le fœtus, qui hérite des caractères du mâle, peut en transmettre quelque chose à sa mère par suite de la circulation commune qu'il a avec elle.

C. — *Le régime a été modifié et la sélection lui est venue en aide pour atteindre le but poursuivi.*

C'est donc ailleurs qu'il faut rechercher les causes des variations que nous avons signalées dans le développement et les produits des bêtes de Rambouillet. Ces variations, il faut bien le dire, n'impliquent pas et nécessitent encore moins l'intervention d'une race étrangère, car elles ne portent ni sur la nature de la laine, ni sur les caractères essentiels des animaux, puisqu'il ne s'agit que de l'amoindrissement ou du développement d'aptitudes qui, suivant les différences de temps et de lieux, sont ou qualités ou défauts.

Le passage suivant, d'une brochure que Tessier publia en 1829, nous permettra de comprendre à quoi il faut attribuer les fluctuations constatées dans le poids des animaux et celui de leurs toisons :

« Daubenton avait prouvé, par des expériences bien faites, qu'en alliant des béliers et des brebis de choix, pris dans les races communes de France, on pouvait obtenir des animaux dont le lainage aurait un certain degré de finesse. C'était déjà un premier pas vers la perfection, mais il fallait aller plus loin. L'importation faite de mérinos d'Espagne pour Rambouillet en donna le moyen; nous aurions été coupable de n'en pas profiter pour l'intérêt public. Ce projet étant conçu, comment l'exécuter?

« On ne mène pas les hommes comme on veut; pour leur faire adopter un nouveau mode, il faut qu'ils y reconnaissent quelque avantage. Les cultivateurs surtout se laissent persuader difficilement; ils ont été si souvent trompés qu'on peut leur pardonner quelque défiance. Les propriétaires auxquels on voulut donner de ces animaux les refusèrent; d'autres qui en acceptèrent les soignèrent mal; ils leur reprochaient une petite taille comparativement à celle de leurs brebis; on fut obligé de l'élever, ce que l'on fit en nourrissant bien les agneaux : alors les cultivateurs de la Beauce, puis ceux de la Brie, et successivement ceux de Normandie et d'autres pays se décidèrent à des croisements. On fit des ventes publiques : plus les animaux qu'on y exposait étaient hauts, plus ils les recherchaient. »

Il est incontestable que tout en cherchant à grandir la taille par l'amélioration du régime des jeunes sujets, on devait aussi faire concourir au même but la sélection, en choisissant pour béliers et en réservant pour brebis les bêtes de grandes dimensions.

Aussi voit-on que tandis qu'à Perpignan, en 1801, on prend, pour choix des bêtes de la seconde importation, des brebis de 41 centimètres de hauteur, on s'arrête à Rambouillet, en 1802, sur des bêtes de même provenance qui mesurent 61 centimètres.

L'administration subissait donc la pression du dehors,

et, sous peine de rendre stériles ses efforts, elle devait agir comme elle le fit alors.

Ce n'était vraisemblablement pas ce qu'elle s'était d'abord proposé, car outre ce que l'on a déjà pu comprendre de l'opinion de Gilbert qui incline très sensiblement vers les petits animaux, on peut citer ce que M. Poyféré de Cère écrivait en 1809 à l'encontre de ces tendances à grandir et à empâter les bêtes :

« Je terminerai par quelques réflexions qu'a fait naître, à mon retour d'Espagne, la vue de plusieurs troupeaux mérinos acclimatés en France. Je venais d'observer les races léonèses sorianes, d'étudier leur régime, leurs habitudes, de comparer leurs produits. Les yeux et la mémoire encore pleins de ces objets, j'ai été frappé de l'obésité excessive que nous forçons en quelque sorte les mérinos d'acquérir. Ne passons-nous pas les bornes dans cet embonpoint auquel, par une nourriture surabondante, nous parvenons à élever ces animaux? N'y a-t-il pas du danger à les accoutumer à un régime pour ainsi dire extra-substantiel, que l'expérience démontre ne pouvoir être impunément diminué ou changé?

« S'il était démontré que l'augmentation de volume dans l'animal multipliât en proportion la quantité de laine, si une plus grande extension (dans le sens de tension, sans doute) de la peau ouvrait plus de pores et facilitait la crue d'un plus grand nombre de brins, les causes seraient peut-être balancées par les effets et les dépenses par les produits; mais en examinant attentivement dans nos mérinos les résultats de cet accroissement prodigieux, il m'a paru que la laine gagnait un peu en longueur, mais qu'elle perdait en tassé; que la matière du suint étant plus abondante et les flocons de laine plus disposés à s'ouvrir, ceux-ci recevaient avec plus de facilité, et retenaient avec plus d'adhérence la poussière et les saletés qui venaient s'y loger; enfin, que l'augmentation apparente du poids des toisons tenait surtout à la quantité plus ou moins grande de corps étrangers qui s'y trouvaient mêlés : inconvénient nuisible à la santé des animaux et peu profitable à la vente; car les marchands, pour le moins aussi entendus que les propriétaires sur leurs intérêts, savent bien défalquer les non-valeurs dans le prix qu'ils mettent à la denrée.

« Peut-être même, pour la conservation de la finesse de la laine, y aurait-il contre cette méthode des objections sérieuses à élever. Il est reconnu que, dans le mérinos, la finesse est presque toujours en raison inverse de la force et de la vigueur de l'animal. Non seulement la brebis l'emporte sur le mouton, et le mouton sur le bélier; mais dans les individus de même genre on peut établir comme fait constant que les plus vigoureux le cèdent aux plus faibles pour la finesse de la laine. Ce phénomène ne varie pas plus en Espagne qu'en France, et je l'ai observé aux esquiléos sur des milliers d'individus.

« Il paraîtrait donc que c'est moins la surabondance de la nourriture que le bon choix des pâturages et une sage modération dans la dispensation des aliments qui devraient être les conditions d'un régime bien réglé. Tenir habituellement les moutons dans une disposition physique également éloignée de l'état de maigreur et de celui de graisse, serait peut-être se placer à ce milieu qui, en toutes choses, est le point de sagesse et garantit des fâcheux inconvénients des extrêmes. »

Ainsi l'exhaussement de la taille et le plus grand développement des animaux par le choix des reproducteurs et l'alimentation plus abondante dans le jeune âge, c'était une concession à laquelle on s'était résigné ; c'était en même temps une dérogation aux vrais principes des hommes compétents.

Rambouillet ne semble pas, à cette époque du moins, s'être laissé entraîner aussi loin dans cette voie que les propriétaires dont parle Poyféré de Cère. On se contenta alors de l'indispensable pour faire accepter et apprécier le mérinos par les cultivateurs, et vite on s'arrêta. Ce qui le prouve c'est qu'en 1834 la taille des brebis mères, sur un nombre de 146 bêtes, ne donna qu'une moyenne de 62 centimètres et qu'on avait trouvé 64 centimètres en 1802 sur leurs ancêtres.

Depuis, on n'aperçoit plus de fluctuations sensibles sous ce rapport. Dans ces dernières années la moyenne de tout un groupe de 49 brebis prises au hasard est de 64 centimètres et demi de hauteur avec leur laine en février.

D. — *Effet de l'apparition des races anglaises.*

Vers 1834, au moment où le troupeau passe de la liste civile au ministère du commerce, des tendances d'un autre genre se manifestent. On respecte la taille, mais on veut en quelque sorte modifier la destination des animaux.

On venait d'importer d'Angleterre diverses races domestiques exclusivement à viande; de ces races plus caractérisées par l'ampleur de leur corps, la beauté de leurs formes et la régularité de leurs proportions que par de grandes dimensions. Par le choix des reproducteurs et le régime, on chercha à rapprocher le mérinos de ces types.

On est porté à croire qu'alors on n'attacha plus la même importance à la toison; qu'on rechercha avant tout les belles formes et le grand poids des bêtes.

Les brebis, dont les plus belles pesaient, nues, 45 kilos en 1802 après avoir subi l'influence de leur nouveau régime, ce qui impliquait un poids de 40 kilos pour l'ensemble, ces brebis avaient pour descendance en 1847 des bêtes de plus de 60 kilos en moyenne, et dans cet espace de quarante-cinq ans la toison n'avait pas sensiblement augmenté puisque, de 3k,833 au début, elle n'atteignait que 3k,888 à la fin.

L'indication des béliers réservés pour le troupeau corrobore cette indication : ils sont tous jeunes et parfois, quoique la race soit tardive, ce sont des agneaux. Ce choix concordait avec le principe, admis en ce temps, que les jeunes reproducteurs donnent des sujets plus aptes à fournir de la viande.

La classification des bêtes à la tonte de 1844 le démontre encore. Les brebis indiquées de 1er choix sont les plus lourdes; elles pèsent 3k,500 de plus que celles de 2e choix, et celles-ci 3 kilos de plus que les autres.

Enfin on le voit par ce que l'on a pu retrouver du régime des animaux. Il était devenu excessivement substantiel, abondant et riche en grain; c'était un régime de précocité.

La raison probable de ces tendances, c'est que le principe de la spécialisation du bétail n'avait pas encore été émis d'une manière ostensible, car dès qu'il est professé, en 1851, on voit par les chiffres compulsés que le régime des animaux se modère peu à peu, que le poids des bêtes se rapproche progressivement des limites qu'il n'aurait jamais dû franchir, et enfin qu'en retour le poids des toisons s'accroît dans de notables proportions.

C'est que l'on avait enfin compris que, de même qu'il y a des races précoces, à viande, très exigeantes, demandant à être richement nourries et à vivre dans l'abondance, de même il y a aussi des races tardives, plus lentes à se développer, plus endurantes et pouvant se contenter de peu; que dans l'espèce ovine le mérinos est un des types de ces dernières; et qu'au lieu de chercher à le dénaturer en combattant ses aptitudes naturelles pour lui donner une destination à laquelle il n'est pas aussi approprié que d'autres races, il convient au contraire de le maintenir dans sa voie, de l'y ramener s'il en a été écarté, et de l'y faire progresser autant qu'il se peut.

On comprit en un mot que si le mérinos est une race cosmopolite, ce ne peut être une panacée capable de satisfaire indifféremment aux exigences de toutes les conditions économiques, parfois en opposition, qui peuvent se présenter.

RÉGIME DU TROUPEAU AUX DIVERSES ÉPOQUES

J'ai donné à entendre, j'ai même dit en termes exprès, que le régime du troupeau avait subi diverses fluctuations. Le moment est venu de justifier cette assertion en donnant les rations fournies aux bêtes aux différentes époques auxquelles j'ai fait allusion.

Il ne me sera malheureusement pas toujours possible de répondre catégoriquement à cet égard, car on n'a que de simples indications pour ce qui se rapporte aux premiers temps. Si insuffisantes qu'elles soient, on les reproduira, et elles seront mises en regard des chiffres précis, positifs et certains des dernières années.

Gilbert qui, on l'a déjà dit, était parfaitement à même de connaître ce qui a trait au troupeau à son origine, fait comprendre, par ce qu'il écrit en 1798, que le grain n'entre qu'à titre exceptionnel dans la ration des animaux. Voici ce qu'on lit de lui sous ce titre :

« *De la nourriture des bêtes à laine.* — La race d'Espagne s'accommode de toutes les plantes qui conviennent aux races communes. Je crois même avoir remarqué, et les bergers de Rambouillet m'ont confirmé cette observation, que les bêtes de race mangeaient plusieurs espèces de plantes que dédaignaient les bêtes à laine du pays. Il ne peut entrer dans le plan de cette instruction d'indiquer toutes les substances qui peuvent servir à la nourriture des moutons; il suffit de dire que la luzerne, le trèfle, les bons foins de prés hauts, mais avant tout les regains de luzerne et de trèfle bien récoltés conviennent à merveille aux bêtes à laine de race.

« Pendant la monte on doit offrir un peu d'avoine aux béliers; elle leur donne de la vigueur, et il est évident qu'ils en influent bien plus puissamment sur les productions qui, tant pour la taille et la constitution que pour la qualité de la laine, tiennent davantage du père ou de la mère selon que l'un ou l'autre est supérieur en vigueur. C'est surtout dans les alliances de béliers espagnols avec les brebis communes que cette attention est d'une grande importance.

« Un mois avant le part, il convient de donner aux brebis un peu de son, ou d'avoine, ou de pois de brebis, ou de féveroles, ou de toute autre espèce de grain; et on les tiendra à ce régime jusqu'à un mois après, ou même plus tard, dans le cas où à cette époque les mères ne trouveraient pas dans les champs une nourriture abondante et si l'on n'y pouvait suppléer par une suffisante quantité de bons fourrages à la bergerie. On offrira également un peu de son aux agneaux lorsqu'ils seront en état d'en manger. On ne doit point être effrayé de cette légère dépense; on en est amplement dédommagé par la beauté et le prix des élèves. Au reste, ces suppléments en son, avoine ou autres grains, doivent être relatifs à la qualité des pâturages : s'ils sont abondants et substantiels, les suppléments sont peu nécessaires, dans le cas contraire ils sont indispensables. »

Cette citation me suggère quelques réflexions.

Si Gilbert remarque que les mérinos mangent des plantes que dédaignent les races communes, ces plantes ne peuvent qu'être moins appétissantes que celles que ces animaux préfèrent ou acceptent; il faut en conclure qu'au temps dont on parle, le mérinos était loin d'être gâté par le choix et l'abondance des aliments qu'on lui fournissait.

L'avoine accordée aux béliers pendant la lutte doit leur donner de la vigueur; ce but ne serait pas atteint par un usage abusif et constant du grain qui amènerait un état de graisse exclusif de ces dispositions.

Donc, bien que Gilbert ne donne aucun chiffre pour la provende qu'il conseille, le but qu'il se propose en la recommandant ne permet aucun doute sur l'exiguïté du rôle que jouait alors le grain dans l'alimentation du troupeau.

M. Bourgeois père, répondant à deux éleveurs qui avaient acheté des mérinos, dit à l'un en octobre 1802 :

« Une brebis de moyenne taille doit manger deux livres de fourrage par jour. »

A l'autre en novembre de la même année :

« Vous pouvez donner chaque jour, lors de la mise bas des brebis, une provende d'une demi-livre de mélange de son et d'avoine par bête, avec une livre et demie de foin, luzerne ou sainfoin, et deux livres de l'un ou de l'autre de ces deux fourrages lorsque le troupeau ne sort pas du tout. Vous ferez donner indépendamment de cela deux affoures de paille, et avec cette nourriture vous les maintiendrez bien sûrement en bon état. »

M. Bourgeois prenait incontestablement ces renseignements dans sa pratique de directeur du troupeau de Rambouillet, et ils fournissent la preuve qu'alors le mérinos y était soumis au régime des animaux de parcours, sans rien à la bergerie et sans aucune provende dans la bonne saison ; avec du fourrage dans les mauvais jours, et une légère amélioration consistant dans une faible provende donnée en quelque sorte à titre exceptionnel, soit aux béliers au moment de la lutte, soit aux mères pendant les derniers jours de la gestation et les premiers jours de l'allaitement, soit enfin aux agneaux pendant le jeune âge.

Très longtemps il dut en être ainsi du troupeau. On est porté à penser que son régime ne fut guère modifié, car un changement notable aurait réagi sur les animaux et on ne vit rien se produire.

D'ailleurs, pourquoi aurait-on changé? La situation restait la même, l'administration se perpétuait ; on devait conserver les errements de l'expérience, respecter les idées de ceux qui avaient concouru à la création et à la prospérité du troupeau.

Tout changement présuppose un but et des motifs, et ceux que nous allons constater désormais s'expliquent au moment où le troupeau change d'affectation, au moment où la laine fine perd son haut prix, au moment où les races anglaises, objet d'un engouement subit, menacent le mérinos de leur concurrence.

Sous la nouvelle administration les exigences de la comptabilité publique forcèrent la bergerie à fournir certains états dont quelques-uns ont leur importance dans la question qui nous occupe.

Le premier que l'on rencontre est du 4e trimestre de 1834. Les chiffres qu'il renferme montrent que la provende entre déjà davantage dans la constitution de la ration, car ce qu'ils accusent dépasse de beaucoup ce qui résulte des indications de Gilbert, Bourgeois et Poyféré de Cère.

Un état semblable, embrassant tout l'exercice 1835 et le troupeau en bloc, montre qu'il y a progression dans l'usage du grain.

Un pareil de 1836 renchérit encore, et ainsi des autres.

On ne rapportera pas ces chiffres. Ils n'auraient aucune utilité ici, parce qu'ils sont généraux, qu'ils se rapportent au troupeau et à l'année entière, sans indication qui permette d'en déduire la ration des divers groupes à chacune des époques de l'année. Ce que l'on peut dire, pour les résumer d'un mot, c'est que la progression qu'ils accusent est telle que, bien que 1834 ait dépassé la période antérieure et que 1835 surpasse 1834, si, cette même année 1835, la provende par tête est supposée être *un*, elle sera *trois en* 1846. *Elle a triplé en* 10 *ans*.

Je m'attache moins à ce qui concerne les fourrages proprement dits, parce que les animaux n'en mangent guère par gourmandise et que, par cela même, ils ne peuvent être transformés ni modifiés sensiblement par leur seul emploi.

Il est à remarquer en outre, qu'en les indiquant, sauf pour la saison de stabulation complète, on ne précise rien, car le pâturage, selon son abondance, peut remplacer plus ou moins ou rendre superflue la distribution du foin.

Pour le dernier exercice dont nous avons parlé, les états par leurs détails permettent enfin de donner ici ce que les animaux de chaque catégorie reçoivent à la bergerie à chaque saison.

Ces quantités sont consignées dans le tableau suivant, qui comprendra aussi successivement des données analogues pour 1853, 1861 et des chiffres moyens déduits des huit années 1870-77 inclusivement.

CATÉGORIES D'ANIMAUX.	PAILLE.	MENUE PAILLE.	FOIN.	BETTERAVES.	AVOINE.	ORGE.	SON.	POIDS TOTAL de la provende.
1er Trimestre de 1846.								
	kilog.	kilog.	kilog.	kilog.	litres.	litres.	kilog.	kilog.
Béliers de 15 mois.	0.334	»	1.550	»	1,241	1,241	»	1,364
Brebis nourrices et antenaises.	0,343	»	1.044	0,800	0,783	0.432	»	0,611
Agneaux et agnelles de 4 mois 1/2.	0.333	»	0.694	»	1,000	1,160	»	1,146
2e Trimestre de 1846.								
Agneaux et agnelles de 7 mois 1/2.	»	»	»	»	1.382	1.000	»	1.222

CATÉGORIES D'ANIMAUX.	PAILLE.	MENUE PAILLE.	FOIN.	BETTERAVES.	AVOINE.	ORGE.	SON.	POIDS TOTAL de la provende.
4e Trimestre de 1846.								
Béliers antenais.	0,350	»	0,523	0,150	1,01	0.62	»	0,840
Brebis et son agneau. . . .	0,224	»	0.754	0.400	1.36	0,12	»	0,684
Antenaises.	0.224	»	0,754	»	0,82	0,12	»	0,441
Rations de janvier 1853.								
Béliers divers.	»	»	0,675	1,413	2,012	0.471	»	1.201
Brebis nourrice et son agneau.	»	»	1.607	1.402	1,110	0.200	»	0,620
Brebis de 25 mois.	»	»	0.808	0,807	»	»	»	»
Antenaises de 13 mois. . .	»	»	1.075	1.200	0,806	0.215	»	0,191
Rations d'avril 1853.								
Agneaux et agnelles. . . .	»	»	0,911	»	0.796	0,526	»	0,674
Provende d'août 1853.								
Agneaux de 8 mois.	»	»	»	»	1,04	0.65	»	0.858
Agnelles de 8 mois.	»	»	»	»	0,69	0,61	»	0,686
Moyennes.	»	»	»	»	0,865	0,63	»	0.767
Rations de janvier 1861.								
	kilog.	kilog.	kilog.	kilog.	litres.	litres.	kilog.	kilog.
Béliers divers.	»	»	1.270	1,980	1.06	0,29	0,185	0.836
Brebis nourrice et agneau.	»	»	1,500	2,399	0,86	0,21	0,086	0,599
Brebis de 25 mois.	»	»	0,730	1.223	»	»		»
Antenaises de 13 mois. . .	»	»	1.223	2,220	1,07	0.32	0,159	0.832
Rations d'avril 1861.								
Agneaux et agnelles. . . .	»	»	0,731	»	0,71	»	0,076	0,109
Provende d'août 1861.								
Agneaux et agnelles. . . .	»	»	»	»	0,87	8,21	0.082	0,599
Rations de janvier (1870-1877).								
Béliers adultes.	0.641	0,128	0,974	1.265	0.70	0.27	0.095	0.576
Béliers de 13 mois.	0.591	0.128	0,935	1.103	0.93	0.37	0.134	0.784
Brebis et son agneau. . . .	1.119	0,236	1.350	2.362	0,67	0.18	0.089	0,198
Brebis de 25 mois.	0.962	0,098	0.857	1.166	»	»	»	»
Antenaises de 13 mois. . . .	0,686	0,095	0.881	0,886	0,13	0,14	0.061	0.338
Rations d'avril (1870-77).								
Agneaux de 4 mois 1/2. . .	0,341	»	0.794	0,416	0.76	0.29	0,112	0.628
Agnelles de 4 mois 1/2. . .	0.306	»	0.681	0.319	0,57	0,24	0.088	0,482
Moyennes.	0.325	»	0.737	0.367	0,66	0.27	0.100	0.550
Provende d'août (1870-77).								
Agneaux de 8 mois.	»	»	»	»	0,86	0.32	0,165	0.714
Agnelles de 8 mois.	»	»	»	»	0.46	0.155	0,83	0.383
Moyennes.	»	»	»	»	0,66	0,237	0.124	0,563

RÉGIME ACTUEL DU TROUPEAU

Comme observation se rattachant à la dernière partie de ce tableau, je donnerai quelques indications qui compléteront ce qui a trait au régime actuel des animaux.

L'agnelage a lieu en novembre et décembre ; chaque brebis nourrice a, en janvier, à allaiter un agneau de 1 à 2 mois, qui ne reçoit alors rien que le lait de sa mère.

Peu à peu on retranche aux mères une partie de leur provende, puis de leur foin, pour les donner à part aux agneaux. On arrive ainsi, insensiblement, à ne plus laisser à la brebis que la ration des femelles de 25 mois, et les agneaux se trouvent complètement sevrés vers le 15 mars.

En avril on voit ce que les agneaux reçoivent ; en mai ils vont au pâturage tout en conservant leur provende.

Cette provende s'accroît chez les mâles et arrive peu à peu au chiffre qu'on lui voit en août et plus tard en janvier. A partir de ce dernier moment elle baisse pour tomber à ce que l'on indique pour les béliers adultes.

Pour les agnelles, la provende se réduit dès qu'elles vont aux champs, en mai, parce que c'est pour elles une très grande ressource que le pâturage. On sait ce qu'elle est en août et elle continue à s'amoindrir, comme le montre la consommation de janvier, alors qu'elles ont 13 mois. Enfin, baissant toujours, elle arrive à être supprimée complètement, dès mai, époque à laquelle elles trouvent un pâturage satisfaisant.

Si on songe à la vraie destination du mérinos, on trouvera probablement que le régime que l'on vient d'esquisser est encore loin de l'idéal que rationnellement on pourrait imaginer, qu'il est par trop satisfaisant pour les animaux, qu'il les préserve de toute privation et est coûteux.

Mais il faut remarquer qu'à Rambouillet on ne fait pas du mérinos un objet de spéculation ordinaire; qu'il n'est pas exploité pour son produit direct en laine et en viande, mais bien comme troupeau devant, avant tout, produire et fournir des reproducteurs, qu'alors on ne doit rien négliger pour obtenir des animaux d'élite dans leur race; qu'il suffit, pour que l'objection tombe, qu'en les offrant sous les apparences les plus satisfaisantes, en bon état de chair, on ne les ait pas rendus impropres à la destination qu'ils peuvent recevoir, qu'on ne leur ait pas donné des exigences excessives.

Or le régime usité n'amène jamais les bêtes à un embonpoint nuisible à leur santé; il ne fait que leur donner plus de vigueur. Il leur épargne, il est vrai, toute privation; mais des privations ne pourraient qu'affaiblir leur constitution, leur faire perdre de leur robusticité, et les prépareraient moins bien pour triompher des obstacles qui peuvent s'élever devant eux dans les lieux où ils sont souvent transplantés.

Ce régime est du reste, à peu de chose près, celui qu'adoptent les grands propriétaires de troupeaux pour leurs estancias de bêtes de réserve. Il ne dépasse donc pas le but que l'on doit se proposer.

Si les étrangers, qui sont parfois exposés à certaines erreurs par suite d'une confusion ou d'une assimilation que les distances expliquent, ont pu reprocher aux mérinos de Rambouillet d'être *forcés de nourriture,* ils ne doivent plus le faire aujourd'hui, à moins qu'ils ne comprennent, sous le nom de Rambouillet, les grands mérinos spécialement adaptés aux conditions culturales des pays avancés.

Le grand développement, l'accroissement rapide de ces colosses, sont, dans certains cas, autant d'avantages qui les rendent précieux et, dans d'autres circonstances, ce sont de réels défauts qui devraient les faire exclure.

A Rambouillet, le régime le dit, on ne vise pas à l'agrandissement de la race ; on n'a qu'un objectif : la perfection des animaux quant au rendement et à la qualité de la laine. Aussi voit-on que les bêtes y sont appréciées d'après le rapport du poids de leur toison à leur poids vivant. On imite en cela ce qui s'est fait depuis longtemps pour les bêtes de boucherie, dont la perfection se mesure par le tant pour cent qu'elles rendent en viande nette.

CONDITIONS EXTRÊMES A ENVISAGER AUSSI POUR L'EXPLOITATION DES MÉRINOS

On pourrait me répéter la question que, visitant la bergerie, me faisait un jour l'homme le plus autorisé à m'interroger : « Les moutons de Rambouillet peuvent-ils, par leur viande et leur laine, payer les dépenses qu'ils entraînent dans les conditions actuelles? »

Il ne m'en coûte pas de reproduire la réponse que je fis alors :

« Non, avec le régime actuel, les bêtes ne pourraient couvrir leurs dépenses avec le produit de leur laine et de leur viande; mais il est certain que, si on n'avait en vue que ces produits, on pourrait modifier le régime, le réduire dans ce qu'il a surtout de coûteux et arriver, par ces seuls produits, à balancer avantageusement leur compte.

« On pourrait ainsi réduire leur dépense de moitié; le poids des animaux ne rétrograderait que d'environ un dixième sans affecter plus fortement la toison, pourvu qu'une sélection bien entendue guide dans le choix des reproducteurs. »

C'est que, si désavantageuse que soit pour Rambouillet la proximité des centres de consommation de denrées fourragères, il suffit que le gros du troupeau trouve, dans des pacages inutilisables sans lui et presque sans valeur réelle, la majeure partie de sa subsistance, et que pour le reste il soit à même de se contenter de denrées peu commerciales, pour qu'il se présente dans des conditions normales d'exploitation.

Si de nos jours le mérinos de Rambouillet devait tendre vers quelque modification, il semble donc que, loin de chercher à le rapprocher des mérinos précoces ou amplifiés, on devrait l'en éloigner de plus en plus.

Au risque de passer pour un barbare fourvoyé en pays civilisé, je déclare qu'il ne faut pas oublier qu'il est des contrées pauvres, dans lesquelles on ne peut espérer rencontrer des pâturages riches et abondants, ni fournir aux animaux la nourriture qu'on leur souhaiterait; qu'on aurait grand tort de vouloir dans ces cas économiser des rations d'entretien, qui ne coûtent rien, en les complétant par des rations de production, très onéreuses ou impossibles, car ces compléments entraîneraient à des dépenses hors de pair avec les résultats.

Les principes classiques ont toujours en vue les contrées où tout ce que consomme le bétail se paye ou peut se vendre, et jamais celles où, à un pâturage parfois abondant et généralement à peu près gratuit, succède une période de vraie disette à laquelle il n'est pas possible de parer par des fourrages à l'étable, que l'on ne peut produire ni trouver à acheter.

Dans ces cas, les animaux ont leurs jours de carême, pendant lesquels ils ont connu les privations et la misère. Ils sont en triste état à la sortie de l'hiver; mais ils ont résisté néanmoins, et, au bon temps, ils reprennent bonne apparence et sont d'une bonne défaite.

Qu'importe que les rations de quelques mois n'aient fait qu'entretenir la vie des animaux et rien produit qu'un peu de laine, car le poids vivant a pu même fléchir pendant ce temps d'épreuves. Ces rations n'ont rien d'onéreux puisqu'elles eussent été perdues et ont fourni un résultat que nous jugeons avoir sa valeur : celui de la conservation des animaux; celui de les avoir fait passer de la veille de l'hiver à son lendemain. Ils ont pu être amoindris dans leur poids et dans leur aspect, c'est vrai, mais pas ou peu dans leur valeur; car ils pourront reprendre au bon temps la marche de leur lent accroissement, puis un embonpoint qui leur donnera une valeur vénale non à dédaigner, si faible qu'elle soit relativement à d'autres. Leur toison en sera dépréciée, dira-t-on; elle n'aura pas un brin uniforme, ni d'une résistance égale dans toute sa longueur; mais malgré cela elle vaudra encore quelque chose et sera préférable à ne rien obtenir.

Dans les contrées qui environnent Paris, on s'est autrefois livré avec profit à l'engraissement des moutons presque exclusivement par le pâturage. Cette spéculation a cessé d'être lucrative et, à part des conditions toutes spéciales, elle n'est plus rémunératrice à cause du haut prix relatif des animaux maigres. Cette spéculation, gravement menacée par la concurrence des engraisseurs, ne pourra bientôt plus s'entreprendre, faute de base pour la tenter, si on répudie tout élevage non classique, c'est-à-dire dans les pays qui ne peuvent offrir, aux jeunes bêtes, la ration fixe, constante, que leur bien-être et la régularité de leur développement réclameraient.

Si on s'inspirait de tels principes, dans des départements qui comptent des centaines de mille moutons, on ne devrait plus en avoir. Je les aurais vus déserter les Landes où ils prospèrent malgré tout, et où ils sont une source de revenu comme tout autre bétail. J'estimais qu'année moyenne, un mouton (et dans le nombre il y avait des mérinos) consommait en tout 5 kilog. de paille, tout comme une vache 50 kilog.

Cette paille n'était pas même une maigre ration d'entretien pour les quatre ou cinq jours d'hiver durant lesquels il était littéralement impossible au troupeau de sortir pour aller brouter les bruyères et les quelques rares herbes qui s'y mêlaient. Ce n'était pas une ration; c'était un remède contre l'inanition et la mort qui en serait résultée.

C'est là une triste perspective, je ne me le dissimule pas; mais, en pareille occurrence, n'est-il pas préférable de faire fléchir les principes, en subissant ce que la nécessité impose, plutôt que de se révolter en renonçant à tout.

Que deviendraient aussi les vastes pays d'outre-mer et tant d'autres, où le mérinos s'exploite sur une immense échelle, s'ils voulaient prendre à la lettre les préceptes classiques? Ne pouvant bien nourrir en tout temps, ils abandonneraient toute spéculation du bétail. On m'annonçait il y a quelques années qu'une sécheresse désespérante régnait dans le sud de l'Afrique. Que feraient alors les colons du Cap en face de telles appréhensions? Sous prétexte qu'ils ne peuvent assurer à leurs troupeaux un constant bien-être, devraient-ils répudier une spéculation qui a pour eux, en somme, d'incomparables avantages?

Non. Il faut donc que dans les races, surtout à laine, de l'espèce ovine, on s'attache à produire et à conserver des types susceptibles, par leur endurance, de s'adapter à de telles conditions. Pour répondre à un tel besoin, il ne faut pas que le mérinos soit amplifié par un régime exubérant, mais réduit à une nourriture qui ne soit guère que l'équivalent d'un bon parcours.

N'est-ce pas pour avoir méconnu cette loi inexorable, en employant les races anglaises pour allonger la laine et modifier la conformation de ses moutons, qu'en ces derniers temps l'Australie a payé à la sécheresse d'une saison un tribut de 9 millions de bêtes?

Dans de pareilles circonstances, le vrai mérinos, à taille très réduite, aurait généralement résisté. Cette pénurie aurait même pu ne pas nuire à sa prospérité, si j'en juge par ce que nous avons observé à Rambouillet. Dans les années de grande sécheresse, quand à la fin de l'été on n'aperçoit aucune trace de végétation, la troupe de brebis qui n'a qu'un maigre pacage pour toute ressource, se montre dans le meilleur état de santé.

LES CARACTÈRES DE LA LAINE AUX DIVERSES ÉPOQUES DE L'EXISTENCE DU TROUPEAU

Nous avons jusqu'ici indiqué, autant que les documents nous l'ont permis, les rendements en laine du troupeau, mais il n'a encore été rien dit de cette laine, abstraction faite de sa quantité.

Or, qu'était-elle chez les premiers animaux?

Quelles modifications a-t-elle subies?

Qu'est-elle aujourd'hui?

Pour répondre à ces questions, j'ai mesuré la longueur des mèches de chaque année, le nombre d'ondulations qu'elles présentent par centimètre et le diamètre moyen du brin.

J'ai opéré sur les échantillons qui composent la collection des laines du troupeau depuis sa création. Elle est complète et renferme au moins, pour chaque année, la laine d'un jeune bélier et celle d'un vieux, et aussi la laine d'une jeune et d'une vieille brebis.

Les échantillons de chaque année étant trop peu nombreux pour offrir une base suffisante, je ne donne pas les résultats annuels, mais les moyennes de périodes successives de 10 ans jusqu'en 1877. La distinction entre la laine des jeunes et des vieilles bêtes n'étant pas toujours faite, je ne sépare que les sexes et non les âges.

De cette manière chacun des chiffres que je présente dans le tableau suivant est la moyenne des opérations faites sur 20 échantillons pour les béliers et autant sur les brebis, et sur 40 pour la moyenne des deux sexes :

Longueur, ondulations et diamètre de la laine.

PÉRIODES.	BÉLIERS.			BREBIS.			MOYENNES.		
	LONGUEUR de la mèche en millim.	ONDULATIONS par centimètre.	DIAMÈTRE en centièmes de mill.	LONGUEUR de la mèche en millim.	ONDULATIONS par centimètre.	DIAMÈTRE en centièmes de mill.	LONGUEUR de la mèche en millim.	ONDULATIONS par centimètre.	DIAMÈTRE en centièmes de mill.
1787-1796.	55,90	15,30	2,16	52,70	15,95	2,06	54.30	15,62	2,11
1797-1806.	59,50	17,15	2,14	56,40	17,55	1,87	57.95	17,35	2
1807-1816.	58,15	16,35	2,04	55	17,85	1,80	56,57	17.10	1,92
1817-1826.	56,45	16,70	1,98	58,60	17,55	1,86	57.52	17,12	1,92
1827-1836.	54,10	16,30	2,03	55,55	17,75	1,83	54,82	17,02	1,93
1837-1846.	55,40	17,40	2,04	52,20	19,40	1,88	53,80	18,40	1,96
1847-1856.	60,05	16,55	2,09	56	18,05	2,03	58,02	17,30	2,06
1857-1866.	58,25	16,40	2,20	55,90	18	2,09	57,07	17,20	2,14
1867-1877.	66,23	15,75	2,26	59,36	18,31	2,03	62,79	17,02	2,15
MOYENNES GÉNÉRALES..	58,22	16,43	2,10	55,74	17,82	1,94	56,98	17,13	2,02

La moyenne générale des neuf périodes montre que les béliers ont, en général, une laine plus longue, moins ondulée et moins fine que les brebis. Chaque période, prise isolément, permet encore la même conclusion, sauf la 4e et la 5e en ce qui a trait à la longueur de la mèche.

On peut donc dire qu'il y a du vrai dans ce vieux principe, que rappelle Poyféré de Cère, et d'après lequel, dans un même troupeau, les mâles ont la laine moins fine que les femelles, et dans cet autre que la longueur augmentant, la finesse du brin et le nombre des ondulations diminuent; qu'ainsi, sans être une mesure précise, et malgré beaucoup d'exceptions individuelles, le grand nombre des ondulations est en général un indice de finesse.

Si on considère les temps on voit d'abord, comme Tessier le constatait déjà en l'an IX, que la laine s'est affinée progressivement tout en s'allongeant quelque peu et gagnant en ondulations; on voit ensuite que, sans rien perdre en somme sous ces deux rapports, elle reprend du corps et revient à son diamètre initial.

Ces quelques chiffres et les observations dont je les ai accompagnées sont loin, je le sens, de constituer une étude complète de la laine. Il eût été bien plus important et plus utile au point de vue pratique de se préoccuper du nerf et de la résistance de la laine, de son élasticité, de sa proportion de suint, etc. Mais ne disposant que de minces échantillons, que d'ailleurs on ne pouvait sacrifier aux besoins de ces expériences, — ceux des premiers temps, par conséquent les plus précieux, étant plus ou moins altérés, — ce genre d'étude, alors qu'il n'eût pas dépassé ma compétence, m'était interdit, faute d'éléments convenables.

Qu'il me suffise de dire à ce sujet qu'aujourd'hui la laine du troupeau est réputée pour son nerf, qu'à cause de cela, au dire des acquéreurs, on la destine spécialement à la chaîne des étoffes ; qu'elle est estimée fournir un rendement de 30 à 33 pour 100 après dégraissage ; qu'ainsi, sous ce dernier rapport, elle reste ce qu'elle était à l'origine.

En effet, je lis dans les *Annales de l'Agriculture française*, qu'au moment où l'on distinguait encore de la toison la laine de la tête, du ventre et des cuisses, Tessier estimait que la laine blanchie était le tiers de la laine en suint.

D'autre part, dans les mêmes *Annales*, M. Villèle rapporte que lui et M. Cousi, ayant vendu, à la manufacture de Montolieu, la laine de 2 béliers et de 14 brebis qu'ils avaient reçus d'Espagne, elle perdit 66 pour 100 au lavage.

En 1878, après 92 ans d'existence à Rambouillet, le troupeau conserve donc à peu près les diverses qualités de sa laine ; et aujourd'hui, après plus d'un siècle, la qualité des toisons reste la même, bien que leur poids ait considérablement augmenté.

PARTICULARITÉS

Je voudrais examiner, sous ce titre, les cas particuliers que l'on a observés dans le troupeau relativement à la couleur et à la nature de la laine, et à l'absence des cornes chez certains béliers.

En constatant le manque ou l'insignifiance des écarts dont on parle parfois, en en donnant la raison probable comme je l'ai déjà fait à propos des moutons soyeux, je ne ferai qu'ajouter une preuve de plus en faveur de la fixité de la race mérinos de Rambouillet.

A. — *Bêtes noires ou tachées de noir.*

Il y avait en Espagne, à l'époque où se firent les importations, outre le mérinos à laine blanche, des bêtes plus communes de couleur noire ou brune dont la laine, dit Bourgoing, servait, à cause de sa nuance naturelle, à fabriquer, à moindres frais, les étoffes sombres fort en usage dans ce pays.

A l'inverse de ce qui avait lieu pour le mérinos, l'exportation de cette laine était interdite tandis que celle des animaux était permise.

Or les mérinos, généralement transhumants, étaient, par leurs pérégrinations périodiques, exposés à des contacts et par suite à des mésalliances. Ces mésalliances, si elles avaient lieu avec des animaux noirs, se révélaient, dans la suite, par la couleur noire ou des marques noires dans les produits qui en résultaient.

C'est ce qui explique pourquoi tous les auteurs qui ont écrit sur la race mérine d'Espagne, ont toujours insisté sur la parfaite blancheur de la laine comme caractère de pureté de race.

Mais de l'alliance d'un bélier noir et de brebis blanches il ne résulte pas toujours et immédiatement des produits noirs ou tachetés. Certains agneaux ayant cette origine peuvent parfaitement bien être complètement blancs et ne laisser apparaître la couleur de leur auteur que plus tard dans leur descendance.

Les troupeaux complètement blancs et réputés purs mérinos pouvaient donc, par le fait des circonstances que je viens de rappeler, comprendre quelques sujets bâtards, dus à des hasards malencontreux qu'il n'était pas possible d'éviter. Ils étaient composés, pour l'immense majorité, d'animaux entièrement purs; mais ils pouvaient aussi receler des sujets qui par eux-mêmes n'offraient aucun indice d'illégitimité et ne se dénonçaient que plus tard par la couleur noire ou les taches de leurs agneaux.

Dans le troupeau importé à Rambouillet il devait en être ainsi. On voit que l'an X on vend une brebis noire à prix réduit, et Tessier constate que c'est la cinquième bête de couleur.

Par une lettre du 14 messidor au XIII, M. Bourgeois répond : « Il arrive quelquefois qu'il y a à l'établissement des moutons d'une telle laine (noire), mais nous avons toujours soin de les écarter du troupeau, et il n'y en a pas pour l'instant. »

En 1817, son fils, M. Bourgeois, que nous avons connu, demande d'autoriser la cession à prix réduit de deux brebis noires.

Depuis cette date, on ne rencontre plus aucune mention d'animaux noirs. Tout se borne à l'indication de bêtes, de plus en plus rares à mesure que l'on avance, offrant quelques taches, sujets toujours éliminés du troupeau dès leur jeune âge, afin que plus tard, par suite de l'affaiblissement progressif de la teinte noire (qui peut même ne plus se remarquer sur la laine, mais seulement sur la peau), ils ne puissent passer inaperçus et être livrés par mégarde à la reproduction.

Sous ce rapport, le troupeau s'est donc considérablement épuré à Rambouillet. On le comprend aisément quand on sait qu'il ne peut avoir aucun contact avec des animaux étrangers et que l'on voit avec quel soin scrupuleux on a écarté de la reproduction toute bête offrant les dernières traces d'anciens germes d'impureté.

Je ne parle pas ici des petites taches noires ou rousses qu'on observe sur les lèvres et dans la bouche de quelques bêtes. Je partage l'avis de Gilbert à cet égard : on ne les désire pas, loin de là ; mais, en réalité, elles ne sont pas à considérer, elles ne peuvent rien enlever à la valeur véritable des animaux.

Relativement aux taches rousses de la figure, Magne parle de moutons qui existent dans le Sahara, à « laine magnifique, très douce, mais peu longue, dont on fabrique les effets de luxe. Ils ont la tête presque rouge. Leur laine descend jusqu'aux onglons et leur couvre la tête dont on ne voit que les yeux. »

Si c'était là l'origine des taches rousses de la face et des oreilles de quelques-uns des mérinos, et ce serait très possible, il ne faudrait pas s'en alarmer, au contraire, car cela tendrait à les faire remonter à des animaux de vieille souche et de grande réputation.

Pour m'assurer du bien fondé de mon opinion relativement aux taches noires de la face, j'ai relevé ce qui a trait aux dernières années et j'ai trouvé 9 animaux ainsi marqués, savoir :

2 béliers qui ont un filet noir à la corne ;

1 bélier qui a les cils d'un œil noir ;

1 bélier, n° 40, qui a une marque noire de la grandeur d'une pièce de 1 franc, moitié en dedans, moitié en dehors de la lèvre inférieure ;

Et 5 bêtes réellement tachées sur le corps et sacrifiées presque aussitôt nées.

En remontant aux ascendants de ces sujets on constate :

Qu'aucune brebis n'a donné deux fois des produits ayant de ces marques ;

Qu'aucune brebis n'a non plus, dans ses fils ou filles, deux sujets ayant produit de ces taches ;

Que parmi les béliers dont la progéniture est beaucoup plus nombreuse, un seul a donné deux fois des animaux tachés, l'un une année, l'autre l'année suivante ;

Qu'un second bélier est père de deux autres ; les n°s 13 et 40, qui ont donné chacun un sujet marqué, l'un une année, l'autre l'année suivante ;

Qu'enfin le bélier n° 40, désigné plus haut, s'il peut être considéré comme ayant un stigmate, a produit, en deux luttes, une fois, la seconde, un agneau réellement taché.

Qu'est-ce à dire, sinon que ces taches ne sont que des accidents isolés qu'on ne peut faire réellement résulter de l'hérédité ; que leur présence ou leur absence n'impliquent rien de probable sur leur reproduction ou leur préservation.

Je ne saurais donc accepter, avec toute la portée que semblerait vouloir leur donner, ce qu'en dit M. Piétrement parlant du bœuf Apis. Non, un animal blanc, avec pigment noir dans la bouche, ne me paraît pas devoir donner vite des troupeaux noirs.

On a déjà vu que Gilbert est de mon avis, car on a de lui ce passage : « Mais quelque ancienne que soit l'opinion qu'il en résulte des animaux noirs ou bigarrés, je ne l'en crois pas moins une erreur. J'ai l'expérience que des béliers qui avaient des taches noires dans la bouche n'ont donné que des agneaux très blancs. »

Un mois avant que l'article de M. Piétrement ne parût, j'avais à répondre à une lettre d'un estanciero me disant qu'un bélier de Rambouillet, qu'il possédait de seconde main, exempt de toute marque noire, lui avait produit dans sa première lutte trente agneaux dont les huit premiers étaient tachés ou noirs et les autres tout à fait blancs. « Nous ne pouvons nous expliquer satisfactoirement ce phénomène, me dit-il, parce que jamais nos brebis ne nous ont donné un tel résultat. »

De mon côté, moi-même, je me trouvais fort empêché de fournir l'explication désirée. Cependant je ne voulus pas me dérober entièrement à la demande qui m'était faite. Me souvenant des dires populaires, des idées de nos bergers et des manœuvres de Jacob chez Laban, je recommandai de continuer à livrer ce bélier à la lutte, pour voir ce qu'il produirait de nouveau, et hasardai quelques réflexions que voici en substance.

Il y a selon moi, dans le fait signalé, un effet particulier dû à des causes inconnues.

Comment se fait-il que les huit premiers agneaux qu'a procréés ce bélier soient noirs ou tachés, les autres complètement blancs? Le bélier était pourtant le même dans sa constitution et son origine au commencement et à la fin de la lutte. Il s'est donc passé quelque chose qui a pu influer sur les produits, soit dans la gouverne du bélier, soit dans celle des brebis. Quand parfois nos bergers voient qu'il se produit des agneaux marqués, ils en accusent les chiens qui, trop brusques, auront causé des frayeurs aux mères. C'est là un préjugé, un simple préjugé, je le sais; mais dans les préjugés il y a parfois un fond de vérité que l'on découvre plus tard. Or votre bélier dans les premiers temps de la lutte et vos premières brebis saillies n'ont-ils rien éprouvé de particulier? C'est à étudier. A l'avenir, observez bien le bélier et les brebis.

Et puis, qui ne se souvient de ce que rapporte la Bible au sujet de Jacob faisant produire aux brebis de Laban, en proportion plus forte, les agneaux qui par leur couleur étaient désignés comme lui revenant. C'est là un nouveau préjugé; mais si bien des préjugés sont faux, il en est qui recèlent des vérités encore voilées parce qu'on n'a pu encore bien saisir ou démontrer les relations de cause à effet.

J'ai relu la Bible après l'article de M. Piétrement et je me demande ce qu'il faut pour comprendre quand Jacob parlant à ses femmes, leur dit : « J'ai eu comme un songe et j'ai vu que les mâles qui couvraient les femelles étaient marquetés et tachetés de diverses couleurs, » et quand il répète qu'il a vu la même chose sur l'invitation de l'ange.

Voudrait-il dire, comme l'insinue M. Piétrement, qu'il avait su voir des marques cachées dans les béliers qu'il employait? Et les baguettes qu'il mettait dans les auges n'avaient-elles qu'un but, celui d'inviter qu'on recherchât ailleurs la cause du grand nombre d'agneaux bigarrés?

Mais comment concilier cette hypothèse avec ce fait que le bélier envoyé à Buenos-Ayres a donné tous ses premiers agneaux tachetés et tous les autres entièrement blancs?

Il serait téméraire de se prononcer. Longtemps encore peut-être cette question attendra une réponse satisfaisante.

B. — *Particularités de la laine.*

A part ce que l'on vient de dire de la couleur accidentelle de la laine, chez certains sujets au début, rien de particulier n'est, à vrai dire, à signaler.

Cependant, pour ne rien omettre de ce qui intéresse la toison, je dirai quelques mots de trois échantillons spéciaux qui figurent dans la collection des laines avec des notes à part.

1° Un bélier, né en 1822, a offert à la tonte de 1824 une toison présentant l'apparence d'un mélange de laine et de poils. M. Bourgeois s'en souvenait bien et il l'avait signalé à mon attention.

On a voulu savoir ce que produirait ce bélier, et on l'a donné à quelques brebis. Comme résultat, je trouve cette mention sur l'échantillon : « Laine et poils; phénomène qui ne s'est pas reproduit dans ses descendants. »

Au premier aspect, cet échantillon n'offre qu'une très grande exagération de la proportion des poils désignés ordinairement sous le nom de jarre. On remarque en outre qu'ils sont répartis très irrégulièrement dans la mèche : à certains endroits ils semblent exclure la laine ordinaire, et dans d'autres ils font complètement défaut.

Sur l'ensemble, les dix-neuf vingtièmes des brins sont de la laine de moyenne finesse et de moyenne longueur (2,17 cent millièmes de diamètre, 60 millimètres de longueur et 17 ondulations par centimètre). Les poils enlevés, il resterait donc une mèche ordinaire.

Mais un examen plus approfondi démontre que ce que l'on a pu prendre à l'œil nu pour des poils n'est qu'une agglomération des brins de laine agglutinés si complètement qu'ils semblent ne former qu'un seul filament.

Le diamètre de ces groupes varie de 11 à 25 centièmes de millimètre; les linéaments, isolés les uns des autres par des lavages et le frottement, ont 2,17 de diamètre c'est-à-dire exactement la grosseur des brins de la laine qui les avoisine.

A quoi est due cette anomalie? Est-ce à un état maladif de l'animal ou à une affection de la peau? On n'en dit rien, on n'en sait rien. Mais il ne paraît pas qu'on puisse l'attribuer à autre chose qu'à une cause purement accidentelle.

2° A la tonte de 1824, un bélier n° 16, aussi né en 1822, offre une laine d'une très grande longueur, 90 millimètres, à ondulations assez nombreuses, 16 par centimètre, et parfaitement régulières et accusées. Cette laine est d'une finesse moyenne. Le bélier a dû être employé comme reproducteur, comme le prouve le fait suivant :

3° Sur un troisième échantillon on lit : « Bélier n° 197, fils présumé du n° 16, né en 1827, laine d'un an, tonte de 1829. »

La mèche à laquelle cette note se rapporte dépasse encore en longueur la précédente, elle a 100 millimètres; mais la laine manque de nerf, on n'aperçoit aucune agglomération offrant des ondulations communes à tous ses brins; pour compter les frisures il faut prendre un brin seul et il en fournit 18 par centimètre. C'est une laine cotonneuse, très longue, qui est loin d'avoir la valeur de la précédente.

Tel est le bilan des anomalies offertes par la laine. On voit qu'il se réduit à deux mèches dépassant d'un tiers ou de la moitié la longueur ordinaire.

Je ne parle pas du suint, dont l'étude, quant à sa nature intime, dépasserait ce à quoi je puis prétendre. Je dirai seulement, pour rester dans mon rôle, qu'il est parfois complètement blanc, que rarement il est un peu rouillé, et que le plus généralement il a la couleur légèrement citrine ou orange qui, d'après une des versions de Diodore de Sicile, était celle de la laine du fameux bélier qui avait fourni la toison d'or dont la conquête fut entreprise par Jason et les Argonautes.

C. — *Béliers sans cornes.*

Ainsi que la couleur parfaitement blanche de la laine, des cornes, très développées et bien contournées, sont indiquées comme caractère essentiel de pureté de race chez le bélier mérinos.

Et pourtant, au dire de Tessier, « parmi les béliers de toutes les importations, excepté celle de 1786, il s'est trouvé des béliers sans cornes ».

Cela ne vient-il pas de ce qu'après la guerre avec l'Espagne, par suite des jalousies de nation et de la substitution du droit, contre lequel on se raidit, au bon vouloir qui se montre par l'empressement, chaque importateur nouveau a eu à compter avec les exigences auxquelles Gilbert dut lui-même se soumettre, et accepter certains sujets peu recommandables pour en obtenir d'autres de plus de mérite? Et les béliers sans cornes n'étaient-ils pas de ceux dont l'acquisition était imposée comme première condition?

Toujours est-il que Gilbert, qui, avant de partir pour l'Espagne, avait indiqué les cornes du bélier comme caractère essentiel de race, comprit deux béliers désarmés dans ceux dont il fit l'acquisition en 1800.

L'un resta à Perpignan. Ollivier, le directeur de cette bergerie, dit que Gilbert le lui avait recommandé à cause de la beauté de sa toison et de ses formes ; qu'il l'employa comme étalon, et que, vers 1809, il était parvenu à n'avoir presque plus que des mâles sans cornes.

Tessier n'est pas convaincu que les béliers sans cornes aient en général la laine plus fine que les autres, car il répond à l'affirmation d'Ollivier : « Quelque probable que cela paraisse à l'inspection de ceux de l'établissement de Perpignan et d'un bélier qui m'appartient, néanmoins je ne crois pas qu'on puisse le certifier. »

Ollivier, que l'on voit captivé par les béliers désarmés, dit encore à leur avantage que, dans les environs de Perpignan, ils se vendent plus cher que les autres. Villeversch en dit autant pour l'Espagne.

Ces assertions peuvent être très vraies et en même temps ne rien prouver. Car quels étaient les acquéreurs de ces bêtes ; quelle destination leur réservait-on en général ? A Perpignan, c'étaient des propriétaires voisins de la bergerie, qui devaient accepter comme article de foi les préférences d'Ollivier le directeur, surtout lorsqu'elles étaient justifiées par la bonne apparence des bêtes. En Espagne, comme les circonstances permettent de le supposer et comme plusieurs auteurs l'ont affirmé, il ne s'agissait guère que d'animaux de réforme ou pour la boucherie. Il n'y a rien d'étonnant alors à ce que les sujets sans cornes, dont on avait pu se préoccuper davantage au point de vue de la bonne conformation et du développement, obtinssent la préférence.

On voit pareillement que dans le troupeau de Naz, les

sans cornes ont, à certain moment, obtenu quelque faveur. Mais plus tard on reconnut leur infériorité comme mérinos et surtout comme reproducteurs.

Cependant les avis semblent partagés. Dans quelques contrées de France on s'en tient à des béliers désarmés que l'on prétend mérinos ; il en est de même dans les Naz. Je n'ai connu l'existence que de deux troupeaux particuliers de cette variété ; tous les deux appartenaient à de vieux vétérans de l'agriculture. L'un dans l'Hérault a conservé la manière de voir d'Ollivier ; il n'a que des mâles sans cornes et il les met au-dessus de tout. L'autre dans la Charente, homme d'un rare mérite, a eu des uns et des autres, et il proclame la supériorité incontestable des béliers armés, qu'après expérience il a adoptés à l'exclusion des autres.

Entre autres choses il reproche aux béliers de Naz sans cornes de lui avoir donné fréquemment des mâles n'ayant qu'un seul testicule descendu, ce qui était un grave inconvénient pour en faire des moutons, et ne se produisait pas avec les béliers cornus.

Cette remarque, qui peut paraître singulière, n'est pas, semble-t-il, un fait isolé, car dans un troupeau de mérinos ordinaire, près de Laigle, elle a été faite aussi et a également amené le propriétaire à renoncer aux béliers désarmés.

Cette divergence d'opinion ne prouve pas que le bélier sans cornes soit un mérinos pur, loin de là ; elle tend seulement à démontrer que, dans des conditions données, certains métis peuvent avoir leur raison d'être.

Je reviens à mon principal objet, Rambouillet, dont je m'étais un instant éloigné.

La bergerie, on l'a déjà dit, reçut de l'importation

Gilbert un lot de bêtes destinées à servir de terme de comparaison avec les anciennes.

Parmi les nouveaux béliers, un était sans cornes. Tessier avoue qu'il ne sait à quoi attribuer le défaut de cornes chez certains béliers des importations récentes, et il eut l'idée de se servir du sujet dont on disposait à Rambouillet pour faire des expériences.

On lui donna 12 brebis provenant comme lui de l'importation Gilbert. On obtint 5 agneaux mâles dont 3 cornus et 2 désarmés.

L'expérience fut répétée une deuxième fois et une troisième, et donna des résultats analogues.

A la quatrième année on la suspendit, et on réforma tous les animaux qui en étaient provenus comme n'offrant pas la certitude de leur pureté de race.

On a pu remarquer que Tessier met en doute ce que dit Ollivier de la supériorité de finesse de la laine des béliers sans cornes. Cette réserve était prudente ; voici ce qui la justifierait :

La collection renferme de la laine d'un de ces animaux ; elle est très chargée de suint, elle est plus longue que chez les autres et a moins de finesse. La mèche mesure 55 millimètres de longueur, elle a 16 ondulations par centimètre et le brin a 2,32 cent millièmes de diamètre, tandis que la moyenne des béliers de la même année donne 46 millimètres et demi de longueur, 16 frisures et demi et 2,10 de diamètre.

Cette plus grande longueur de la mèche et sa plus forte proportion de suint, suffiraient à certaines personnes pour leur faire concevoir des doutes sur la pureté de l'animal.

A ce sujet on peut poser ce dilemme : de deux choses

l'une, ou le bélier sans cornes existait en Espagne lors de l'importation de 1786, ou il n'existait pas.

S'il n'existait pas, alors c'est un produit récent qui doit inspirer peu de confiance.

S'il existait déjà, il n'était pas supérieur aux autres, au contraire; car on en eût compris dans le troupeau destiné à Louis XVI, à moins qu'alors on n'ait pas cru devoir l'admettre comme mérinos authentique.

Enfin, si on note qu'un taureau sans cornes a toujours donné à Rambouillet, avec des vaches du pays toutes armées, des produits constamment sans cornes, car si parfois ils n'étaient pas tout à fait inermes, leurs minces cornillons ne se rattachant pas au squelette, ne dépendant en quelque sorte que de la peau, étaient exactement dans le même cas que la seconde paire de cornes qu'offrent exceptionnellement certains béliers; si, dis-je, on note ces faits d'expérience, on en conclura que les béliers désarmés dont il s'agit n'avaient pas d'ancienneté, de fixité de race, puisqu'ils ne transmettent pas, aussi sûrement que le taureau mentionné, leur caractère ni leur descendance.

Les béliers sans cornes doivent donc être réputés douteux comme mérinos, ainsi que les bêtes noires, et même bien plus que celles-ci.

En effet, il s'est produit des bêtes noires dans des troupeaux exclusivement composés d'animaux entièrement blancs, tandis qu'aucun des béliers cornus, tant de la première que de la seconde importation, n'a jamais donné aucun mâle désarmé, tant à Rambouillet que dans les deux troupeaux voisins réputés les plus purs après lui.

Que conclure de cela, sinon que le mérinos n'admet pas de béliers purs non armés; que les mâles producteurs de beaucoup de laine, qui sont sans cornes, peuvent avoir du mérinos, mais ne sont pas de vrais mérinos.

Ce qui fait qu'on a rejeté de la race mérinos les animaux noirs, c'est qu'ils avaient un grave inconvénient : la laine fine pour avoir tout son prix doit se prêter à la teinture en toute nuance et dans les tons les plus délicats ; noire elle se refuse à cette universalité d'emploi, c'est ce qui l'a fait proscrire.

Il n'en est plus de même quand il s'agit des cornes, au contraire : ces armes inutiles, dangereuses ou au moins gênantes en pays civilisé ; d'une production onéreuse, mais précieux indice de la pureté de race, étaient loin de ce cas. Si elles manquent, les parties utiles ne peuvent qu'y gagner, et on comprend qu'on admette leur suppression, qu'on considère même leur absence comme un progrès quand il ne s'agit que d'une simple exploitation, d'une spéculation ordinaire.

Il en est donc des cornes des béliers mérinos comme du nombre des doigts chez certains coqs, de l'éperon chez quelques chiens, de la châtaigne chez plusieurs chevaux. A quoi est-ce bon? A rien. Pourquoi y tient-on et doit-on s'y attacher ? Parce que leur absence est une négation de race pure, un signe de bâtardise, et que les bâtards, comme reproducteurs, ne peuvent être mis sur le même rang que les produits légitimes.

On pourrait objecter que la suppression des cornes peut résulter d'opérations les faisant avorter et non de croisements avec des races désarmées. Mais il est reconnu que les animaux dont on a fait avorter les cornes pendant plusieurs générations successives produisent quand même des sujets armés.

CE QU'ÉTAIT L'ÉTABLISSEMENT AU DÉBUT ET COMMENT SA DESTINATION ET SON NOM ONT CHANGÉ

Dans le principe, l'établissement rural de Rambouillet s'appelait la *Ferme expérimentale,* dénomination parfaitement justifiée, car c'était une sorte de Jardin d'acclimatation rudimentaire.

Il embrassait près de 450 hectares d'étendue; ses constructions élevées en 1785, à côté de ce qui restait de l'ancien fief de Montorgueil, se composaient, outre le colombier traditionnel, de deux grands pavillons d'habitation reliés à deux granges monumentales, leur faisant face, par de longues ailes servant d'écuries et d'étables dans le bas, et de greniers dans les combles.

Son programme embrassait tous les objets ayant trait, selon l'expression d'alors, « aux progrès de l'économie rurale ».

Les arbres nouveaux y étaient propagés; les cultures nouvelles diverses mises à l'essai, et les races domestiques dont on pouvait espérer avantage pour le pays, y formaient un haras et une pépinière à la disposition des cultivateurs.

En compulsant les *Annales de l'agriculture française,* on voit que dès le début on fit des semis et des plantations d'essences variées, notamment d'arbres verts nouveaux ou peu connus : pins du Lord, sylvestre, maritime et laricio; épicéa, mélèze, cèdre, genévrier, cyprès.

La suppression de la jachère fut entreprise par la culture des plantes sarclées, des racines et des prairies artificielles. On expérimenta les différentes méthodes de culture des diverses plantes. On étudia les maladies des végétaux, la question du renouvellement des semences et l'emploi des vieilles graines pour cet objet.

Mais ces expériences durèrent peu ; elles furent arrêtées au moment de la Révolution, tant par le fait des troubles et des inquiétudes qui avaient mis l'établissement en péril que par la fuite prudente de Tessier qui les prescrivait, et elles ne furent pas reprises.

Quant au bétail, dont il ne manquait en l'an XI, dit Tessier, que les chiens, les porcs, les volailles et les abeilles pour former une collection complète, il est nombreux et varié dans chaque espèce.

Les écuries renferment des étalons anglais, normands, égyptien et navarrin ; des poulinières belges, diverses bêtes françaises et de nombreux élèves.

On y trouve aussi un baudet de Toscane, une ânesse d'Espagne et son ânon, des mules et des mulets hybrides du baudet et des juments belges.

Dans les étables on rencontre des vaches d'Italie, de Hongrie ou de Dalmatie ; des bêtes de la Suisse, de la Corse, du Morvan et de Normandie, ainsi qu'un taureau anglais sans cornes.

Elles contiennent encore jusqu'à 17 buffles que l'on utilise à la reproduction et soumet au travail, et dont on tente, sans succès, le croisement avec l'espèce bovine.

L'espèce caprine y est représentée par 18 bêtes d'Angora : chèvres, boucs, chevreaux et castrats.

Enfin vient le troupeau mérinos d'Espagne, qui obtient vite un grand renom et qui par ses recettes procure les ressources nécessaires à l'entretien de l'ensemble. Ce succès en détermina l'accroissement, tandis que les autres espèces, sauf le bétail nécessaire à la marche de l'exploitation, vont diminuant et finissent par disparaître.

On aura pu s'étonner de voir que la nouvelle ferme, qui s'annonce à l'entrée par une inscription qui la dédie en quelque sorte aux troupeaux, ne leur avait fait aucune place dans ses spacieuses constructions. C'est que l'on avait cru d'abord que, pour les mérinos, les bergeries étaient superflues. On ne s'en passa cependant jamais entièrement à Rambouillet. Les bêtes trouvèrent asile dans diverses dépendances du parc; on leur construisit ensuite un immense hangar; puis, en 1805, un premier corps de bâtiment, la bergerie des brebis; enfin il y a 25 et 30 ans on compléta le tout par le pavillon des béliers et l'annexe des agneaux.

Bien avant que l'on ait complété la construction des bergeries, l'importance qu'avait prise le troupeau, la réputation universelle qu'il s'était faite, avaient spécialisé l'établissement et renversé l'ancien état des choses. Les moutons, au lieu d'être un accessoire dans l'exploitation, étaient devenus l'objet principal, et la culture fut subordonnée à leurs besoins.

Alors, à la première dénomination, l'usage et la logique substituèrent peu à peu le nom plus significatif, plus vrai et exclusif de *Bergerie de Rambouillet* sous lequel l'Établissement est universellement connu depuis longtemps.

C'est sous ce nom, et avec la seule attribution qu'il indique, que nous allons poursuivre notre tâche en puisant, pour la première partie de ce qui nous reste à dire, dans les rapports que Gilbert, Tessier, Huzard rédigeaient sur les données de MM. Bourgeois.

Si quelques-unes des expériences dont il s'agira paraissaient laisser à désirer, si d'autres semblaient n'avoir aucune utilité actuelle ou être puériles, en songeant où en étaient les choses aux temps où elles s'entreprirent, on reconnaîtrait qu'elles avaient leur valeur.

APTITUDE A L'ENGRAISSEMENT ET QUALITÉ DE LA VIANDE DU MÉRINOS

« Il règne, dit Gilbert en l'an VI, relativement aux moutons de race d'Espagne, un préjugé qu'on trouve en Espagne même, et qui empêche un grand nombre de cultivateurs de la substituer à celle du pays : on prétend qu'elle s'engraisse mal et que la chair en est dure et peu délicate. Je me suis souvent assuré du contraire; mais pour affermir mon jugement et éclairer celui des autres, j'invitai l'année dernière un cultivateur plein de zèle... à faire, avec des moutons de race d'Espagne, une expérience comparative. »

Gilbert procure à ce cultivateur deux moutons de Rambouillet. Ils sont mis à l'engrais et coûtent quatre sous par jour. Après cinq mois ils étaient « fin gras », mais ils restent au même régime pendant huit mois afin de profiter de leur toison.

L'un de ces moutons fut envoyé au Conseil d'agriculture. Le boucher qui le dépeça « reconnut qu'il était d'une graisse et d'une qualité parfaites », qu'il n'en venait point de semblables dans les marchés de Paris. Les quatre quartiers pesaient 64 livres, le suif fut évalué à 30 livres. Celui des moutons français, de même poids, n'excède jamais 15 livres, dit-il.

« Toutes les personnes auxquelles ce mouton a été

distribué, l'ont trouvé fort tendre et de très bon goût. »

Tessier et Huzard rendent ainsi compte d'une seconde expérience :

« Pour achever de détruire entièrement la prévention répandue contre la chair des mérinos, nous avons fait mettre en pouture quelques jeunes moutons de cette race ; nourris à l'étable l'espace de deux mois seulement, avec de l'avoine et du foin, ils ont pris graisse. Leur chair, à la vérité, moins brune que celle des moutons français, est plus tendre et non moins savoureuse. D'où il est aisé de conclure que le préjugé qui fait déprécier ces animaux sous le rapport des aliments, est dû à l'usage où l'on est, dans une grande partie de l'Espagne, de ne châtrer que des béliers de 6 à 7 ans, qu'on a employés à la monte, et qu'on n'aura pas cet inconvénient à craindre lorsqu'on châtrera en France des béliers mérinos à l'âge où on châtre les jeunes béliers des autres races. »

La troisième expérience de ce genre est plus précise et plus complète. Dans la relation qu'en donne Tessier, on trouve des détails qui ont leur intérêt.

Le 9 mars 1801, trois moutons pesant ensemble 121^{kil},500 sont mis à l'engrais.

On les a nourris d'abord de luzerne et de son, ensuite on a supprimé le son pour lui substituer de l'orge et de l'avoine. Les animaux ont été pesés à peu près tous les 15 jours ainsi que la nourriture qu'ils ont consommée pendant cet espace de temps.

Le 4 juin, après 87 jours de ce régime, ils ont pesé 163 kilos, ils avaient ainsi augmenté de 41^{kil},500.

Pendant ce temps, à eux trois, ils avaient consommé :

249 kilogrammes de luzerne.	135 kilogrammes d'orge.
38 ^{kil}, 100 de son.	97 ^{kil}, 500 d'avoine.

A cette date du 4 juin, le moins lourd pesait 49^{kil},800. Il fut tué pour le repas de la vente et donna :

	kilos.	
Chair et os.	22,700	49^{k},800.
Toison.	3,600	
Suif.	5,600	
Foie et poumons.	2	
Tête, pieds, peau et intestins. . .	14,300	
Sang.	1,60	

On poursuivit encore l'engraissement des deux autres pendant 65 jours, durant lesquels ils consommèrent :

173 ^{kil}, 200 de luzerne.
113 kilos. d'orge.
40 ^{kil}, 400 d'avoine.

Ils avaient été tondus en juin. Ils furent tués le 20 août et donnèrent :

		kilos.		kilos.
Chair et os.	l'un.	28,500,	l'autre.	27,500
Suif.	—	10	—	9
Foie et poumons.	—	2,500	—	2
Tête, pieds, peau et intestins.	—	17	—	17
Sang.	—	2,500	—	2,50
Total pour l'un,		60,500	pour l'autre	58

La chair de ces moutons, comme celle du précédent, fut trouvée très bonne, même excellente.

Tessier conclut de ces chiffres (ceux de la consommation et de l'augmentation respectives du premier et des deux derniers moutons) que, pour ne pas éprouver de pertes, il ne faut pas trop prolonger l'engraissement, car « à compter d'une certaine époque les animaux n'augmentent pas à proportion de ce qu'ils dépensent ».

Il déclare ensuite que ce qui touche à l'aptitude à l'engraissement et à la qualité de la viande du mérinos est suffisamment démontré pour qu'il soit désormais inutile de répéter les expériences.

INFLUENCE DE L'ENGRAISSEMENT SUR LA SANTÉ ET SUR UN NOUVEL ENGRAISSEMENT

On a dit qu'un mouton engraissé pour la boucherie, remis à la nourriture ordinaire, périssait bientôt, parce que l'état de graisse est un état de maladie, ou qu'au moins il ne reprenait plus la graisse.

Pour savoir ce qu'il y avait de fondé dans cette opinion, Tessier, qui la rapporte, ordonne des expériences.

Le 16 juillet 1801, un mouton qui avait été mis à l'engrais au foin et au grain et qui était arrivé au poids de 55^{kil},500, sans sa laine, fut remis dans le troupeau; un mois après il n'avait perdu que 500 grammes.

Le 20 avril 1802 il pesait 62 kilos et sa santé restait intacte. Il fut remis à l'engrais avec deux autres et le 3 juin on le tua. Il avait gagné 8 kilos, et à l'autopsie on constata qu'il était parfaitement sain.

Une expérience semblable est faite en 1803 et donne les mêmes résultats. En en rendant compte, Tessier dit qu'il reste à la répéter par l'engrais au vert, mais on ne voit pas qu'elle ait été faite avec cette variante. Elle ne pouvait d'ailleurs produire d'autre résultat que les deux premières auxquelles, pour avoir une valeur réelle, on pourrait reprocher, avec raison, de porter sur un premier engraissement qui n'avait rien d'excessif, et d'avoir été suivi d'un régime qui laissait peu à désirer.

CROISSANCE ET PERSISTANCE DE LA LAINE

L'an V une agnelle n'avait pas été tondue; l'an VI, à la demande de Gilbert, on la respecta encore à la tonte, et l'an VII, à 30 mois, elle donnait une toison de 7^{kil},300.

Tessier remarque à ce sujet qu'on n'a rien perdu comme quantité de laine, car, dit-il, peu de brebis de 30 mois donneraient autant dans leurs trois tontes.

Il remarque encore qu'aucune partie de la toison ne s'est détachée du corps.

L'an VIII, une bête, dans le même cas que la précédente, donna 10^{kil},500 de laine, ou 3 kilos de plus, ce qui accentue encore la démonstration, surtout lorsqu'il note que cette bête, que l'on prenait souvent par le dos pour l'examiner, avait perdu par ce fait quelque peu de laine en cet endroit.

L'an IX, huit femelles, qui n'avaient pas été tondues l'an VIII, donnent des toisons de 8 à 10 kilogrammes. On constate de nouveau qu'en laissant les bêtes deux années sans les tondre, il n'y a pas de perte; que la laine acquiert le double de longueur sans altération de finesse.

La même année plusieurs bêtes, qui n'avaient pas été tondues à 6 mois, le furent pour la première fois à 18 mois. On en obtint autant de laine que si l'on avait tondu deux fois.

Cette expérience se répéta plusieurs années de suite avec le même résultat. On verra plus tard pourquoi elle ne fut pas adoptée comme pratique habituelle.

L'an X, trois brebis, dont la laine avait trois ans, ont donné ensemble 34 kilos de toisons, et il en avait été pris beaucoup comme échantillons. En comprenant les déchets et les ventres, on a à peu près 4 kilos par bête et par an, c'est-à-dire le poids moyen habituel. Cette laine a trois fois la longueur ordinaire. On peut donc, dit Tessier, obtenir par ce moyen des laines à la fois longues et fines.

Les expériences de ce genre furent très nombreuses. On laissa la laine jusqu'à 4 et 5 ans sans la couper et toujours avec un résultat analogue; poids et longueurs proportionnels au temps.

En l'an XI, Tessier concluait ainsi de telles expériences :

« C'est à tort qu'un auteur a dit que l'époque indiquée chaque année par la nature pour la tonte des bêtes à laine était celle où la nouvelle laine, poussant au dehors de l'ancienne, on voyait celle-ci se séparer du corps. Puisque les bêtes que nous avons laissées deux et trois ans sans les tondre n'ont pas perdu de leur laine; puisque la laine d'agneau, au lieu de tomber, se fortifie à la deuxième année, il n'est donc pas vrai que tous les ans la nature indique l'époque comme la nécessité de la tonte. La cause de l'erreur vient de ce qu'on a voulu généraliser des observations particulières faites sur des bêtes qu'on conduit au milieu des broussailles qui arrachent leur laine, ou sur des bêtes mal nourries, ou faibles, ou malades, qui éprouvent ce qu'éprouvent, dans les mêmes circonstances, les hommes, les chevaux, les bêtes à cornes, les végétaux mêmes. »

LA TONTE DES AGNEAUX ET LE TOURNIS

« Dans l'espérance qu'en ne tondant les jeunes agneaux qu'à la deuxième année de leur vie, on aurait plus de laine et de la laine plus profitable, disent Tessier et Huzard, les agneaux nés en l'an IX n'ont été tondus qu'en l'an X. Nous cherchions encore à apprécier l'opinion d'un améliorateur qui prétendait que ce retard dans la tonte préservait du *tournis* les jeunes animaux, les seuls qui y soient sujets. Nous avons réellement obtenu plus de laine, et de la laine qui a rapporté davantage ; mais elle a conservé un peu du caractère de la laine d'agneau, qu'elle eût perdu à la deuxième tonte, et les animaux se sont trouvés couverts d'insectes qui les tourmentaient, inconvénient qui a pu dépendre d'une circonstance particulière. Ce qu'il y a de certain c'est qu'aucun d'entre eux n'a été jusqu'ici attaqué du tournis. »

L'an X, on n'avait tondu que la moitié des agneaux et après la tonte de l'an XI, Huzard fait les remarques suivantes :

« Nous avons dit (l'an X) que nous obtenions autant de laine en une seule tonte que si les deux avaient eu lieu séparément et que la laine de cette seule tonte rapportait davantage, parce que l'agnelin avait moins de valeur ; mais nous avons observé que si la laine rapportait plus que l'agnelin, elle rapportait moins comme laine fine, parce qu'elle conservait un caractère primitif qui la faisait paraître moins fine et pour ainsi dire jarreuse.

« Comme nous avons observé aussi que les agneaux non tondus étaient beaucoup plus sujets aux poux et qu'il n'y a pas eu cette année plus de tournis parmi ceux qui ont été tondus que parmi ceux qui ne l'ont pas été, nous avons pris le parti de n'en laisser qu'un petit nombre avec leur toison ; nous tiendrons note des résultats s'il s'en présente quelques-uns. »

Il ne s'en est pas présenté sans doute, car on ne retrouve rien qui les signale.

Aujourd'hui, quelques éleveurs respectent le toupet à la tonte des agneaux, quelques-uns sous prétexte de les préserver du tournis.

ROBUSTICITÉ, ENDURANCE ET LONGÉVITÉ

D'après Tessier, pour éprouver jusqu'où les mérinos pouvaient résister aux intempéries sous le climat de Rambouillet, on a tenu plusieurs années de suite un mâle et une femelle dans une prairie entourée d'eau. « Ils y ont fait des petits et se sont en général bien portés, quoiqu'ils n'eussent d'autres aliments que ceux que leur fournissait la prairie. On les prenait avec des panneaux pour les tondre; ils étaient tellement sauvages qu'ils ne se laissaient pas approcher. Ils n'ont péri que par accident. »

C'est là la seule relation écrite des expériences de ce genre, expériences qui furent multipliées et variées, à en juger par ce qu'offre la collection des laines, car on y trouve les échantillons suivants.

1791. Laine d'une brebis née en janvier 1789; mise dans une île le 17 octobre 1790, tonte du 12 septembre 1791.
1792. Laine de la même bête, restée dans l'île depuis le 12 septembre 1791.
1793. Laine d'une brebis qui était dans l'île et qui a été dévorée par un chien.
1804. Laine d'un bélier qui a passé l'hiver dans une île.
1805. Laine d'un bélier de 4 ans, depuis 2 ans dans une île; 1re importation.
— Laine d'une brebis de 3 ans, depuis 1 an dans une île; 1re importation.
— Laine d'un bélier de 4 ans, depuis 2 ans dans une île; 2e importation.
— Laine d'un bélier de 3 ans, depuis 1 an dans une île; 2e importation.
— Laine d'un bélier tenu 2 ans dans une île, sans être tondu.

1806. Laine de 18 mois, d'un bélier de 2 ans, né dans les îles.
— Laine d'une brebis de 4 ans, tenue dans les îles.
— Laine de bélier et brebis de 5 ans, tenus dans les îles.
— Laine de 3 ans d'un bélier de 5 ans, tenu dans les îles.
— Laine de 3 ans d'un mouton de 5 ans, tenu dans les îles.

Ces indications prouvent surabondamment la robusticité, la sobriété et l'endurance de la race. On pourrait ajouter cette remarque que des bêtes chargées de leur laine de plusieurs années et tondues en temps relativement froid n'en semblaient pas éprouvées.

Quant à la longévité, voici ce qu'écrivaient Tessier et Huzard en l'an VII :

« On sait qu'ordinairement on est forcé de se défaire des bêtes à laine de nos races à l'âge de huit ou dix ans au plus tard, parce qu'ayant alors la dent usée, elles paissent très difficilement. Se nourrissant mal, elles ne peuvent donner des agneaux ou n'en donnent que de faibles. Il n'en est pas de même des femelles de mérinos; on en a vu plusieurs à douze ans faire de bons agneaux. Il en existe encore une de celles qui ont été importées d'Espagne en 1786 : âgée de 15 ans elle a donné un agneau l'hiver dernier. Cette bête n'a pas perdu ses dents, elles sont seulement un peu écartées et elle a moins donné de laine que dans sa jeunesse. »

Les femelles, moins recherchées aujourd'hui qu'alors, ne sont plus conservées aussi longtemps. Cependant j'en ai vu garder bien des fois de 10, 11 et 12 ans parce qu'elles étaient tout à fait d'élite. Leurs agneaux étaient toujours très appréciés et elles donnaient à cet âge extrême des toisons du poids moyen. En 1875, on avait à la tonte 6 brebis de 10 ans; elles ont donné 5k.760 de laine en moyenne; elles pesaient tondues 47 kilos l'une.

AMÉLIORATIONS RÉALISÉES DANS LES PREMIERS TEMPS

L'an XI, Huzard, après avoir rappelé l'effectif des animaux de chaque importation encore à Rambouillet, dit ceci : « Le but du ministre, dans la conservation de ce troupeau (celui de l'importation Gilbert) n'est point de l'augmenter, mais de suivre les progrès de l'amélioration dans la taille des animaux et dans le poids de leur toison, et d'avoir toujours sous les yeux un objet de comparaison avec l'ancien... Nous pouvons assurer que des premiers agneaux de cette année sont aussi forts que leurs mères nées en Espagne, qu'ils se couvrent d'une toison plus abondante et non moins fine, et que la jarre qu'ils avaient à la tète et aux jambes disparaît. »

« Cette expérience prouvera une seconde fois ce que l'ancien troupeau a déjà prouvé une première ; c'est que les bêtes ne dégénèrent pas par la transplantation ; qu'elles acquièrent du poids, de la taille et une plus grande quantité de laine également fine ; que ces acquisitions ne tiennent point ou tiennent très peu à l'influence du climat ; mais qu'elles sont principalement dues aux bons soins et à la nourriture. »

Voilà ainsi constatée l'amélioration du mérinos dans les premiers temps de leur séjour à Rambouillet ; pour les époques postérieures on sait, par ce qui précède, ce qu'il en est.

A l'origine, d'après les mêmes auteurs, on visait avant tout à la finesse de la laine dans le choix des béliers ; c'est ce qui explique comment le troupeau se trouve avoir, à un moment donné, des toisons plus fines qu'à son arrivée d'Espagne, et pourquoi aussi, bien que l'on signale des bêtes offrant des toisons d'un grand poids, on n'ait pas fait alors progresser notablement le troupeau quant à la quantité de laine, car l'extrême finesse et le grand poids des toisons semblent s'exclure aux yeux de Tessier et de Huzard comme à ceux des éleveurs de nos jours.

PRODUITS D'AGNEAUX EMPLOYÉS COMME BÉLIERS

L'extrait suivant se rapporte à l'année 1797 :

« Treize agneaux sont issus de brebis couvertes par des agneaux qui tétaient encore. Ces petits animaux, nés avant les autres, sont plus forts. On a favorisé cette progéniture comme objet d'expériences, pour s'assurer si les bergers ont raison de prétendre que les produits de béliers nés dans l'année sont meilleurs ou du moins plus forts que ceux de béliers plus âgés. »

En 1799 on trouve, sous la signature de Huzard et Tessier, cette autre note :

« Pour connaître la valeur d'une opinion des bergers et d'un grand nombre de cultivateurs qui prétendent que les agneaux nés de béliers qui n'ont pas encore un an, sont plus vifs et plus forts, notre collègue Gilbert a laissé couvrir des brebis par des mâles de huit mois. Les petits qui à la première année paraissaient plus forts que les autres parce qu'ils étaient nés plus tôt, ne sont maintenant ni plus vifs ni plus gros que ceux qui sont issus de béliers de 3 ou 4 ans. Il est nécessaire d'attendre que ces agneaux soient plus âgés pour les juger. »

L'année d'après, en 1800, les mêmes auteurs reviennent sur ce sujet et s'expriment ainsi :

« Nous n'avons point remarqué de différences, à l'époque de la vente, entre les animaux nés de béliers de 8 mois et ceux nés de béliers de 3 ou 4 ans. Ainsi il ne paraît pas exact d'assurer, comme le font les bergers, qu'il y a avantage à faire couvrir les femelles par des béliers agneaux. S'il nous est possible, nous continuerons à suivre cette expérience dans l'emploi de ces animaux. »

Cette possibilité a manqué sans doute, car on ne retrouve plus rien ayant cet objet.

Plus tard, bien plus tard, on semble revenir à la même idée, car en juin 1844 on emploie à la monte, concurremment avec d'autres béliers, un agneau né le 6 décembre 1843. Pareillement, en juin 1845, on emploie comme bélier le n° 1 002 né le 25 octobre 1844 et il lutte aussi en 1846, mais peu de temps, parce qu'on a dû le retirer comme fourbu.

J'ai déjà fait remarquer qu'à cette époque on cherchait à faire du mérinos un animal à viande et qu'on n'employait que de jeunes béliers, sans doute parce qu'on attachait quelque valeur à l'opinion qui vient d'être rapportée. Cette pratique ne fut peut-être pas étrangère aux cas d'affections spéciales qui se manifestèrent alors et que l'on ne connaît plus maintenant. Ce qui le ferait supposer, c'est que depuis que l'on n'a adopté, au moins pour la majorité des brebis, que des béliers tout à fait adultes, auxquels on évite tout excès en faisant la monte à la main, on n'a plus rien de semblable à regretter. La race mérinos étant tardive, c'était un grave abus de faire servir à la reproduction des sujets n'ayant encore que le tiers du temps de leur croissance, surtout quand la monte se faisait en liberté et qu'on enivrait en quelque sorte les béliers par une nourriture riche et exubérante. De telles surexcitations devaient fatalement produire des ébranlements nerveux dont héritait la progéniture. C'était semer l'épilepsie.

MARCHE DE LA CROISSANCE DES MÉRINOS

Sous la dernière liste civile, le directeur des établissements agricoles avait prescrit, dans tous les domaines qu'il administrait, des pesées mensuelles de jeunes animaux. Mon prédécesseur les fit pendant à peu près dix ans sur les mérinos, comme mes collègues et moi sur d'autres races.

En s'en tenant aux cinq années qui prennent les animaux à la naissance et les suivent jusqu'à l'âge adulte, on trouve les éléments des tableaux suivants qui sont basés, au début, sur dix animaux de chaque sexe.

En même temps que l'on pesait l'agneau à sa naissance, on prenait aussi le poids de la mère. J'indique ce dernier poids, et son tant pour 100 représenté par celui de l'agneau.

Ayant fait moi-même quelque chose d'analogue en 1883, tant pour l'instruction des élèves bergers que pour me rendre à nouveau compte de l'accroissement dans la race, je note, en une colonne supplémentaire, les résultats obtenus sur les animaux du même troupeau dix-sept ans plus tard.

Poids successifs à la naissance et chaque mois d'agneaux mâles nés de 1862 à 1866 et 1883.

ANNÉES DES NAISSANCES.	1862	1863	1864	1865	1866	MOYENNES.	ANNÉE 1883.
Dates moyennes des naissances	8 Xbre	12 9bre	23 9bre	11 9bre	29 9bre	23 9bre	12 novembre.
Poids des mères après la mise bas. . .	61k833	60k800	57,708	60.166	56.750	59.150	»
Poids des agneaux à la naissance . . .	4,333	4,108	4.100	4 508	5,425	4.195	»
Poids de l'agneau pour 100 de la mère.	7.	6,75	7.10	7.19	9.56	7,58	Poids de l'agneau, 11 décembre, 8k333
Poids de l'agneau au 1er janvier	9.125	14,958	12.341	11.166	12.411	12,606	— 11 janvier. 13,666
— 1er février.	16,625	23.291	19,833	22.208	17.375	19,866	— 13 février, 20.250
— 1er mars.	22,833	31	27,125	26.250	21,875	25.817	— 11 mars, 25.066
— 1er avril.	30,333	36,891	34,750	34,451	27,458	32,777	— 11 avril, 29,833
— 1er mai	35,791	42,417	39.166	41.090	32,250	38.112	— 11 mai, 32,666
Laine à 6 mois..	1,299	1,270	1.365	1.319	1,150	1,281	Plus laine, 1.157
Poids de l'agneau le 1er juin	40,875	47.583	43.291	45.405	36,166	42,664	Poids le 11 juin, 39,375
— 1er juillet	45,791	49	46,916	48,727	41,125	46.312	— (1) 11 juillet, 39,802
— 1er août	49,583	54,330	52.166	51,772	45.208	50,612	— 11 août. 43,430
— 1er septembre . . .	53,	58,313	56	55.015	48,083	54,082	— 11 septembre. 46,883
— 1er octobre.	58.583	62,599	61,083	56.727	50.791	57.995	— 11 octobre. 50.418
— 1er novembre. . . .	62,666	66.180	65,083	61.090	53.833	61,770	— 11 novembre, 54.958
— 1er décembre. . . .	67,416	69,909	64,958	65.500	56,750	65.905	— 11 décembre, 57,833
Poids de l'antenais le 1er janvier. . . .	71	75,250	75.166	69.200	60,083	70.140	— 12 janvier, 60.
— 1er février. . . .	73	80	78,583	72	62.750	73,266	— 11 février. 63,833
— 1er mars.	78,800	82.909	80,250	73.142	64,333	75,487	— 11 mars. 65.917
— 1er avril.	80,160	86,444	84	74,711	67,909	78,633	— 11 avril, 69,417
— 1er mai.	80,800	87,375	86,625	79,666	68,5	80.602	— 7 mai, 59.182
Laine d'un an, à 18 mois.	4,857	5,410	6,216	5,185	5,627	5.159	Plus laine, 7,193
Poids au 1er juin.	80.500	84.193	80.950	75.500	69	78,089	
— 1er juillet.	83.214	84.897	78.033	74.166	63.362	76.531	
— 1er août.	81.714	87.647	81.666	74.833	61	77,372	
— 1er septembre.	77.500	87.147	82,800	76.165	61.500	77.023	
— 1er octobre	78,214	88.397	84	75,500	62.750	77,772	
— 1er novembre..	79.612	90,397	87	76,500	«	83.360	
— 1er décembre..	82	91.272	88,250	80.833	«	85.589	
Poids du bélier au 1er janvier	82.750	92,647	9 750	84 .	«	88.287	

(1) Les agneaux, en juin, ont eu le muguet, ce qui a arrêté momentanément leur développement.

N.-B. — L'expérience n'a pas été poursuivie au delà de 18 mois.

Poids successifs des agnelles.

ANNÉES DES NAISSANCES.	1862	1863	1864	1865	1866	MOYENNES.	ANNÉE 1883.	
Dates moyennes des naissances.	8 Xbre	12 9bre	23 9bre	14 9bre	29 9bre	23 9bre	12 novembre.	
Poids des mères après la mise bas . . .	62.916	56,875	61,541	60,291	57,666	59.858	»	
Poids des agnelles à la naissance . . .	4.109	3.950	4,162	4,554	4,658	4.285	»	
Poids de l'agnelle pour 100 de la mère.	6.52	6.95	6.76	7,55	8,08	7,17	Poids le 11 décembre	7.636
Poids de l'agnelle au 1er janvier . . .	9,041	12.833	10,916	13.833	10.683	11.461	— 11 janvier	12.454
— 1er février. . . .	16.250	19,458	17.	21,125	15.691	17.905	— 13 février	19.091
— 1er mars.	21,291	26,666	22,125	24,666	17,666	22.083	— 11 mars	22.454
— 1er avril.	27,166	29,041	28.333	28,958	23,708	27.441	— 11 avril	26.083
— 1er mai	31.500	31,750	31,166	31,083	27,833	31.466	— 11 mai.	28.197
Laine à 6 mois.	0,926	0,925	1.129	1,313	0,958	1.050	Plus laine	1.097
Poids de l'agnelle au 1er juin.	33,583	34.166	33,583	36.708	30.250	33.658	Poids le 11 juin.	32.200
— 1er juillet	38.250	36,916	35.750	38.583	32.750	36.450	— 11 juillet.	33.650
— 1er août.	40.590	36,625	37.666	40,916	36.291	39.018	— 11 août	35.100
— 1er septembre . . .	44.409	41,125	38.500	41,625	38.291	40.790	— 11 septembre	34.900
— 1er octobre.	47.272	43.333	41,750	44,166	38.333	42.971	— 11 octobre.	37.200
— 1er novembre. . . .	49.272	45.791	41.666	45.830	41.625	45.437	— 11 novembre.	37.666
— 1er décembre. . . .	51,363	48,166	49.125	49.916	44.083	48.531	— 11 décembre.	39.222
Poids de l'antenaise au 1er janvier. . .	54.227	51,166	50,750	52,	47.083	51.015	— 12 janvier.	42.330
— 1er février . . .	55.636	54.166	53,125	54,333	48.500	53.152	— 11 février	44.666
— 1er mars. . . .	59.272	56,083	51,	56.750	49.958	54,613	— 11 mars	45.777
— 1er avril. . .	58.909	57.454	53,750	59,583	50.300	55.999	— 11 avril	47.444
— 1er mai.	59.636	56.409	55,041	62,250	50.750	56.817	— 7 et 8 mai.	44.300
Laine d'un an, à 18 mois.	3.811	4.590	4,433	4.643	4.705	4.436	Plus laine.	5.359
Poids vif au 1er juin.	54.545	53.347	56.312	54,250	47.400	53.171		
— 1er juillet.	56.	52.277	54.437	54.083	48.	53.059		
— 1er août.	54,850	53.555	54,125	51,583	44.990	51.821		
— 1er septembre.	53.750	53.333	54.375	50,750	46.200	51.681		
— 1er octobre	52.187	54.411	54.375	51.416	48.100	52.101		
— 1er novembre	53,875	55.611	53,125	51.916	47.450	52.395		
— 1er décembre	57.312	56.944	56.	54,250	51.500	55.201		
— 1er janvier	59.125	57.277	56,750	55.833	53.	56.397		
— 1er février.	61.500	58.	57,750	56,250	54.	57.700		
— 1er mars.	62.375	58,388	58,250	56,166	55.500	58.136		
— 1er avril.	64.	60.937	59,750	58.181	56.506	59.875		
— 1er mai	62.625	61,062	61,625	58,136	53.250	59.340		
Laine d'un an, à 2 ans et demi.	4.016	4,527	4,358	4,853	4.956	4,543		

N.-B. L'expérience n'a pas été poursuivie au delà de l'âge de 18 mois.

On n'aura pas été sans remarquer, surtout dans le premier de ces deux tableaux, des anomalies dans les chiffres qu'ils présentent et on aura pu s'en étonner.

Pour que chacun puisse se les expliquer, il convient de dire que les animaux objets de ces expériences ne se retrouvent pas tous à la fin de la période ; que, le temps venu, ils étaient comme les autres à la disposition des amateurs. Dans les derniers mois le nombre des sujets de chaque lot se trouvait donc réduit. On voit même que pour 1866 le lot de béliers disparaît complètement. Or, quand un lot n'était plus composé que de très peu de sujets, il suffisait du départ d'un de ceux qui s'écartaient de la moyenne pour amener des perturbations très sensibles.

En limitant à un an ou à 15 ou 18 mois ces données, comme je l'ai fait pour 1883, on n'aurait pas eu à faire ces réserves. On pourra donc, si on le veut, faire abstraction de ce qui excède ce temps et on n'aura plus ces causes de trouble à redouter.

Il n'est peut-être pas inutile non plus de faire remarquer que les poids actuels des animaux sont quelque peu moindres que ceux qu'accusent les premières colonnes des tableaux et qu'en retour les toisons ont beaucoup gagné.

Dans un rapport qui m'avait été demandé par l'administration à la suite de l'Exposition universelle de 1878, après avoir donné le poids des bêtes et des toisons des diverses catégories du troupeau en 1867 et en 1878, je résumais ma comparaison par cette phrase :

« Ces chiffres indiquent que depuis 1867 on a poursuivi par voie de sélection la spécialisation de plus en plus accentuée au point de vue de la production de la laine, et qu'on est arrivé à ce résultat que, tout en ramenant le mérinos au développement que comporte la race pour rester bête de parcours, on a augmenté la production absolue de la laine d'un cinquième et le rendement proportionnel de moitié; c'est-à-dire que le poids de mouton qui donnait annuellement un de laine en 1867 en donne un et demi aujourd'hui. »

FÉCONDITÉ ET CONSANGUINITÉ

Peu de temps après son arrivée à Rambouillet, mon prédécesseur fut surpris du peu d'agneaux que donnaient les brebis, il trouva que la fécondité des bêtes avait dû baisser, qu'elle n'était plus suffisante.

Il attribuait ces résultats à la consanguinité et, pour y porter remède, il avait proposé de faire une nouvelle importation d'animaux qu'il irait choisir en Espagne pour, disait-il, rafraîchir le sang du troupeau.

Soit parce que l'on n'avait pas l'espoir de rencontrer encore à l'ancien berceau du mérinos des sujets convenables; soit que l'on n'ait pas cru à l'effet attribué à la consanguinité; soit enfin pour toute autre raison, la proposition bien qu'énergiquement soutenue n'aboutit pas; il n'y eut pas de nouvelle importation.

En se basant sur les années 1851, 1852 et 1853, M. le baron Daurier établissait que sur 100 brebis livrées au bélier, 28.5 en moyenne ne donnaient pas d'agneaux dans l'année.

Or, bien que l'on n'ait pas rafraîchi le sang comme il l'aurait voulu, bien que la consanguinité se soit renforcée des 25 années écoulées depuis, les résultats en 1878 sont meilleurs et permettent de croire que la cause du mal n'était pas là ou y était bien peu.

En effet, en relevant ce qui a trait aux 12 années comprises de 1872 à 1883 et aux 4,005 brebis mises au bélier durant cette période, on trouve que seulement 16.9 sur 100 restent improductives et que les 83.1 autres donnent 92 agneaux, jumeaux compris.

Ceci constaté, je n'irai pas jusqu'à dire, concluant d'après ces chiffres, que la consanguinité se prolongeant la fécondité augmente ; je dirai seulement que si j'entrais plus avant dans le détail des accouplements, je pourrais faire voir que la consanguinité a si peu d'influence dans la question, qu'il n'y pas à la considérer.

Si malgré la consanguinité de plus en plus continuée il y a recrudescence de fécondité, c'est donc que l'affaiblissement de la fécondité tenait à autre chose qu'à la parenté des reproducteurs.

On a vu qu'à un moment donné on voulait faire des animaux de Rambouillet des bêtes à viande; que tout tendait vers ce but, que la nourriture surtout avait en quelque sorte été prodiguée, surabondante et fournie par des denrées très riches.

On a vu également que, depuis, le troupeau a été ramené et maintenu dans sa voie naturelle et soumis au régime qui lui convient, régime sobre des bêtes de parcours, régime qui donne la santé, la vigueur et rien de plus.

Or en faut-il davantage pour expliquer les oscillations que l'on vient de constater dans la fécondité des bêtes?

Ne sait-on pas qu'en poussant les animaux à la précocité, en exagérant leur développement et leur embonpoint, on abaisse leur aptitude à la reproduction?

Dans une troupe de brebis ne voit-on pas que c'est surtout parmi celles qui se distinguent par leurs belles formes, leur état excessif de graisse au moment de la lutte, que l'on constate le plus de vacuités lors de l'agnelage.

Pour toutes les espèces et races domestiques à viande importées du dehors, par des amateurs surtout, n'est-ce pas souvent parce que ces sujets, parfois de luxe, ont été trop choyés, gâtés, incrassés par une nourriture trop choisie et trop abondante, plutôt que parce qu'on les a alliés entre parents, que l'on a fini par les rendre moins féconds ou stériles et que l'on a ensuite, bien à tort, prétendu qu'il était nécessaire de combattre la consanguinité, et la stérilité qui en serait la conséquence, par un nouvel apport de reproducteurs étrangers.

FÉCONDITÉ DES SŒURS JUMELLES DE MALES

Étant encore sur les bancs de l'école, je fus intrigué en entendant des praticiens (que ne contredisait et n'appuyait aucun membre du corps enseignant)(1), nous dire, en nous montrant un attelage formé de deux jumeaux, un bœuf et une vache des noms de Vilno et Stanzly, que lorsqu'une vache donnait des jumeaux, l'un d'un sexe, l'autre de l'autre, la femelle était stérile.

Je n'ai jamais eu l'occasion de vérifier cette assertion sur l'espèce bovine et je ne l'ai accréditée ni répudiée, mais elle a toujours eu pour moi un certain piquant de curiosité. Rien donc que de très naturel qu'elle me soit re-

(1) Plus tard cette opinion a été partagée par un professeur; mais, dès qu'il l'a émise, des éleveurs ont prouvé qu'il y avait au moins des exceptions.

venue à l'esprit pendant mes recherches sur le troupeau.

Disposant de nombreux éléments pour le faire, j'ai voulu la vérifier sur l'espèce ovine.

J'ai pris toutes les femelles, sœurs jumelles de mâles, conservées pour le troupeau et livrées au bélier depuis 1870 jusqu'à 1877.

46 de ces brebis employées à la reproduction, les premières jusqu'à 6 et 7 fois, les autres moins, mais toutes chaque année à partir de l'âge adulte, m'ont fourni comme base 155 fois une brebis mise à la lutte.

Or voici, comparés aux résultats généraux du troupeau durant les mêmes années à peu près, les produits de 155 luttes de ces 46 brebis.

	Brebis sœurs jumelles de mâles.			Ensemble du troupeau.	
Brebis fécondées. . .	135 ou 87,1	p. 100,	contre	83,1	p. 100.
Parts doubles. . . .	17 ou 12,6	—	—	10,7	—
Nombre d'agneaux. .	152 ou 98,1	—	—	92	—

Il s'ensuivrait donc que, dans l'espèovine, ce une femelle sœur jumelle de mâle, loin d'être inféconde, hériterait au contraire de la plus grande prédisposition de sa mère à la fécondité : elle resterait moins de fois stérile et donnerait plus souvent des jumeaux.

J'ajoute que les béliers, leurs frères jumeaux, ne laissent non plus rien à désirer, puisque sur 122 brebis saillies par eux on a eu 106 gestations dont 7 doubles ou 113 agneaux.

PROLIFICITÉ OU PUISSANCE DES BÉLIERS

Un bélier peut, en peu de temps, féconder un assez grand nombre de brebis. J'ai pu m'assurer que l'on peut demander à quelques-uns jusqu'à 10 saillies en un jour, mais cela exceptionnellement.

J'ai pu, après avoir vu certains béliers à l'œuvre, certifier la possibilité de lui faire féconder 200 brebis en deux mois, ce qui impliquerait environ 5 saillies par jour durant ce temps.

On trouvera que c'est beaucoup, et cependant c'est bien peu à côté des deux tours de force réellement prodigieux que je vais rappeler ici, non pour les accréditer, mais bien au contraire pour avoir l'occasion de les révoquer en doute et même de les démontrer faux.

1° J'ai lu dans un ouvrage ancien qu'un bélier avait fécondé plus de 100 brebis d'un troupeau dans une échappée.

Je n'ai pas attaché d'importance à cette assertion parce que, datant d'environ 75 ans, elle ne paraissait pas avoir obtenu de crédit : on ne la trouvait reproduite nulle part. C'est ce qui fait que je n'en puis citer l'auteur; la considérant comme sans conséquence, je ne l'ai pas notée, et pour préciser où elle se trouve il me faudrait faire des recherches pour lesquelles le temps me fait défaut en ce moment.

2° Dans un rapport, lu à un corps savant en avril 1880, on trouva ce passage qui ne paraît avoir soulevé aucune protestation : « Quand on a vu... un bélier féconder 60 brebis en une seule nuit, comme cela s'est produit à Rambouillet ... »

Cette fois je ne pouvais laisser passer la chose avec indifférence, d'autant plus qu'il s'agissait de Rambouillet.

Mon désir de bien savoir tout ce qui intéresse le troupeau me porta à écrire pour demander des indications, qui me permissent de remonter à la source de cette assertion, car en compulsant les archives de la bergerie je n'avais rien trouvé y ayant rapport.

Je reçus très obligeamment et très promptement la réponse que voici :

« Je m'empresse de vous faire savoir que le fait au sujet duquel vous m'interrogez m'a été communiqué verbalement par M. Huzard fils, qui était un homme sérieux, digne de foi et bien placé pour être renseigné. J'ignore s'il a été consigné quelque part au moment où il s'est produit. »

En adressant mes remerciements à l'auteur de ces lignes pour le bon accueil fait à ma demande, je me sentis porté à lui dire toute ma pensée. Voici au moins la substance des principaux passages de ma lettre :

« Je regrette de n'avoir plus l'espoir de trouver rien de précis au sujet du fait en question, fait que, je vous l'ai déjà fait pressentir en vous adressant ma demande, je considère non seulement comme douteux, mais encore comme réellement faux.

« Je m'explique en vous donnant les motifs généraux qui justifient ma manière de penser.

« Jamais le troupeau de Rambouillet n'a compté plus de 400 brebis soumises à la lutte. Or il est d'expérience que, sur ce nombre, à aucun moment donné, il ne se trouvera pas plus de 60 brebis en chaleur, cela malgré la saison propice et le stimulant d'un bélier boute-en-train dans la troupe. Il ne peut donc y en avoir que moins s'il s'agit d'un jour pris au hasard et en dehors des provocations du bélier banal.

« Admettons néanmoins que, dans la même nuit, un bélier lâché au milieu du troupeau trouve 60 brebis disposées à le recevoir. Pensez-vous qu'il les saillira toutes sans exception? Les personnes qui ont vu de près un troupeau, qui l'ont suivi au temps de la lutte, diront que le bélier a aussi ses préférences et ses préférées; qu'il saillira plusieurs fois la même brebis et en délaissera d'autres qui le recherchent pourtant. Elles vous diront aussi que, sur 10 brebis saillies, 3 au moins ne seront pas fécondées et redemanderont le bélier plus tard.

« Faites les déductions que j'indique et vous verrez que le fait en question ne doit pas être vrai.

« Voulez-vous que j'imagine comment ce que vous a dit M. Huzard a pu arriver à sa connaissance?

« A Rambouillet on a toujours fait naître les agneaux à une époque déterminée qui, aux yeux de certains bergers, pouvait être trop tardive. Les ordres étaient donnés pour ne commencer la lutte qu'à un jour dit, et le berger devait s'y soumettre et s'y soumettait... en apparence. Seulement, plusieurs jours à l'avance, il pouvait bien chaque nuit mettre un bélier dans la troupe. Tout comme le berger de Daubenton qui abritait ses animaux chaque nuit, alors que Daubenton, se basant sur les ordres donnés, affirmait que ses moutons couchaient en plein air; tout comme certain berger de Rambouillet qui, ennuyé de la lutte à la main, mettait un bélier au milieu de la troupe toutes les nuits.

« Dans cette hypothèse, à la naissance des agneaux, en en voyant un grand nombre qui devançaient le terme prévu, le berger appelé à s'expliquer sur ces naissances anticipées qui l'accusaient, aura répondu pour se disculper : « Un matin, mais une seule fois, j'ai trouvé, sans « pouvoir m'expliquer comment cela a pu se faire, un « bélier au milieu des brebis. » et l'on aura conclu, après avoir constaté que 60 brebis avaient donné leur agneau avant le terme qu'on s'était fixé, que les 60 agneaux étaient le résultat d'une échappée.

« Voilà, Monsieur, comment je m'explique le fait qui vous a été rapporté. Tout comme vous, M. Huzard a été sincère et il aurait pu citer la personne de qui il le tenait, j'en suis persuadé. Mais, de ce que vous êtes de bonne foi tous les deux, je ne puis prendre la chose pour vraie. »

Non, la chose n'est pas vraie et, pour avoir été acceptée par des savants, il faut qu'ils aient l'âme bien candide. Cela prouve en faveur de leur conscience et me rappelle l'histoire de ce moine accourant à l'appel de son confrère pour voir un bœuf voler et répondant aux rires sarcastiques de celui-ci en lui disant qu'il aurait plutôt cru qu'un bœuf pouvait voler que d'admettre qu'un moine pût mentir.

STATISTIQUE DES NAISSANCES DES SEXES ET DES GESTATIONS SIMPLES ET MULTIPLES

Il n'est pas rare d'entendre les bergers affirmer que par l'emploi de béliers jeunes on obtient plus d'agneaux mâles que si on a recours à des béliers vieux. Peut-être se dit-il quelque chose d'équivalent relativement aux brebis. Sans idée préconçue sur ce sujet, j'ai relevé dans le troupeau ce qui se rapporte à ces questions.

Je donne les chiffres assez détaillés que j'ai rassemblés afin que ceux qui voudraient y puiser puissent en faire leur profit. C'est toujours sur les 4,005 brebis livrées au bélier dans les douze années de 1872 à 1883 que mes recherches ont porté.

J'ai séparé les béliers en quatre âges : 1 an et demi, 2 ans et demi, 3 ans et demi, et 4 ans et demi, et au-dessus. Les femelles ont été classées en six âges : 2 ans et demi, 3 ans et demi, 4 ans et demi, 5 ans et demi, 6 ans et demi, et 7 ans et demi et plus.

Ces âges pour les brebis comme pour les béliers sont ceux des bêtes au moment de la lutte.

Le tableau suivant, qu'il faut lire comme une table de Pythagore, indique :

1° Le nombre des brebis de chaque âge données aux béliers, aussi de chaque âge, et les produits obtenus;

2° Le nombre des brebis de chaque âge saillies par l'ensemble des béliers et ce qui en est résulté;

3° Le nombre des brebis de tous âges données à chaque âge de béliers et le résultat;

4° Ce que la masse des brebis du troupeau a produit avec tous les béliers indistinctement.

Lutte des brebis. Résultats de 12 années.

(1872 à 1883).

	BÉLIERS DE 1 AN ET DEMI.									BÉLIERS DE 2 ANS ET DEMI.								
	BREBIS.		agneaux.		PARTS.		SEXES des jumeaux.			BREBIS.		agneaux.		PARTS.		SEXES des JUMEAUX.		
	saillies.	fécondées.	mâles.	femelles.	simples.	multiples.	mâles.	femelles.	mélangés.	saillies.	fécondées.	mâles.	femelles.	simples.	multiples.	mâles.	femelles.	mélangés.
Brebis de 2 ans et demi.	362	284	152	156	263	24	8	7	9	278	227	129	109	216	11	4	1	6
— de 3 ans et demi.	296	254	146	138	224	30	10	6	14	284	237	122	134	218	19	3	4	12
— de 4 ans et demi.	319	276	155	166	231	45	9	13	23	215	188	106	102	168	20	5	7	8
— de 5 ans et demi.	225	196	99	116	177	19	5	3	11	204	170	106	85	150	20	6	4	10
— de 6 ans et demi.	190	152	83	90	131	21	4	4	13	139	117	57	79	98	19	2	4	13
— de 7 ans	193	142	79	78	127	15	6	3	6	105	85	49	49	72	13	3	3	7
Ensemble des brebis.	1,583	1,304	714	744	1,150	154	42	36	76	1,225	1,024	569	558	922	102	23	23	56

	BÉLIERS DE 3 ANS ET DEMI.									BÉLIERS DE 4 ANS ET PLUS.								
	BREBIS.		agneaux.		PARTS.		SEXES des JUMEAUX.			BREBIS.		agneaux.		PARTS.		SEXES des JUMEAUX.		
	saillies.	fécondées.	mâles.	femelles.	simples.	multiples.	mâles.	femelles.	mélangés.	saillies.	fécondées.	mâles.	femelles.	simples.	multiples.	mâles.	femelles.	mélangés.
Brebis de 2 ans et demi.	218	185	104	106	160	25	5	4	16	136	106	58	50	104	2	0	1	1
— de 3 ans et demi.	176	155	89	79	142	13	4	2	7	109	85	54	35	81	4	2	1	1
— de 4 ans et demi.	149	138	77	84	115	23	2	8	13	59	48	27	26	43	5	1	0	4
— de 5 ans et demi.	131	104	61	51	96	8	2	2	4	41	33	14	23	29	4	1	2	1
— de 6 ans et demi.	85	71	46	34	62	9	3	2	4	21	20	12	11	17	3	0	0	3
— de 7 ans	60	49	21	33	44	5	2	2	1	10	7	3	4	7	0	0	0	0
Ensemble des brebis	819	702	398	387	619	83	18	20	45	376	299	168	149	281	18	4	4	10

	ENSEMBLE DES BÉLIERS.								
	BREBIS.		AGNEAUX.		PARTS.		SEXES des JUMEAUX.		
	saillies.	fécondées.	mâles.	femelles.	simples.	multiples.	mâles.	femelles.	mélangés.
Brebis de 2 ans et demi.	94	802	443	421	740	62	17	13	32
— de 3 ans et demi	865	731	411	386	665	66	19	13	34
— de 4 ans et demi.	742	650	365	378	557	93	17	28	48
— de 5 ans et demi.	601	503	280	275	432	51	14	11	26
— de 6 ans et demi.	435	360	198	214	308	52	9	10	33
de 7 ans.	368	283	152	164	250	33	11	8	14
Ensemble des brebis.	4,005	3,329	1,849	1,838	2,972	357	87	83	187

J'aurais voulu, dans le tableau qui précède, pour faciliter les rapprochements, joindre le tant pour cent aux résultats absolus ; mais c'eût été multiplier outre mesure les colonnes, et, d'ailleurs, plusieurs de ces nombres sont insuffisants pour servir de base à des calculs faits en vue de formuler un principe.

Je donnerai ces calculs pour l'ensemble du troupeau.

4,005 brebis saillies ont donné :
3,329 brebis pleines ou 83,1 p. 100.
3,687 agneaux ou agnelles ou 92 p. 100.

Sur ces 3,329 gestations, 357 ou 10.7 pour 100 ont donné des jumeaux.

Sur ces 357 gestations multiples on en compte :

87 ou un peu plus de 24 p. 100 qui ont donné 2 mâles ;
83 ou environ 23 p. 100 qui ont donné 2 femelles ;
186 ou plus de 52 p. 100 qui ont donné 1 mâle et 1 femelle, et 1 qui a donné 2 mâles et 1 femelle.

J'offre les autres chiffres comme renseignements, laissant à chacun le soin de rechercher ce qui pourrait s'en déduire.

Je constate seulement que, quant au sexe des agneaux provenant de béliers jeunes et de béliers âgés, l'opinion des bergers ne serait pas fondée.

LES MÉRINOS DE RAMBOUILLET ET CEUX DU TEMPS PRÉSENT COMME PRODUCTEURS DE LAINE

Il n'est pas sans intérêt, en s'appuyant au moins en partie sur les données consignées dans des *Recherches expérimentales* publiées en France il y a quelques années, de reprendre la comparaison, qui est faite dans ce travail, des mérinos du troupeau national de Rambouillet et de quelques troupeaux français (1).

Commençons par résumer les chiffres fournis par l'auteur, en les présentant en un tableau exprimant les rendements en laine des mérinos français dits améliorés et, pour faciliter les rapprochements, mettons en regard du tant pour cent en laine de ces derniers le tant pour cent des bêtes de même catégorie du troupeau de Rambouillet.

(1) Cet intérêt est tellement évident que, du fond de l'Europe, on est venu me demander des explications catégoriques à ce sujet.

TROUPEAUX DIVERS.					TROUPEAU de RAMBOUILLET.
PROPRIÉTAIRES des troupeaux.	CATÉGORIES d'animaux.	POIDS VIF des animaux.	POIDS des toisons.	LAINE pour 100 de poids vif.	laine pour 100 des bêtes de même catégorie (A).
		kilog.	kilog.		
Roger (Eure-et-Loir).	Béliers.	110	10	9.09	10.71
	Brebis.	70	6	8.57	10.71
Delamarre (Seine-et-Marne).	Béliers de 18 mois.	95	6.250	8,58	10,91
	Brebis mères. . .	65	5	7.69	10.71
	Antenaises. . . .	57	5.250	9.21	12.62
Bataille (Aisne).	Moutons. . . . . Antenaises. . . . Brebis mères. . . Agnelles.	67.1	6	8.94	11.19 (B)
Duclert (Aisne).	Troupeau (C). . .	70	6.184	8.83	11.19
Conseil (Aisne).	Troupeau (C'). . .	70	6.500	9.27	11.19
Hutin (Aisne).	Troupeau.	70	6	8.57	11.19

(A) La tonte s'était faite 9 jours avant l'année révolue.

(B) Ce chiffre est une moyenne géométrique : c'est le quotient du poids de toutes les toisons par la somme du poids de tous les animaux.

(C' et C) J'omets de faire entrer comme facteur pour le poids moyen des bêtes les gros béliers de 100 kilos, chez M. Duclert et 90 kilos chez M. Conseil, parce qu'ils doivent être en petit nombre vu leur âge. Sans cette élimination les poids moyens seraient 77k,500 chez M. Duclert et 75 kilos chez M. Conseil : par suite les coefficients de laine tomberaient à 7.97 chez M. Duclert et à 8.66 chez M. Conseil.

Il manque 28 jours ou 1/13 pour avoir la croissance de l'année, j'ajoute 1/12 aux 6 kilos indiqués, et j'ai 6k,500 pour l'année entière.

La conclusion à tirer des chiffres de ce tableau est bien nette : les mérinos améliorés indiqués n'ont pas la même aptitude que les Rambouillet à produire une forte proportion de laine ; ils sont de 24 p. 100 inférieurs sous ce rapport. .

Comment donc avait-on pu arriver à une conclusion contraire? C'est que, négligeant la loi des grands nombres, on avait pris une seule brebis pour représenter le troupeau de Rambouillet; c'était un premier tort. Mais un second tort bien plus grave, c'est celui d'avoir mal exprimé cette seule individualité qui est prise comme base. En effet, si la brebis n° 189, qui fait l'unique appui de la thèse que je combats, a bien donné comme il est dit 4^{kil},850 de laine à la tonte de 1871, elle ne pesait que 37 kilos, et non 97 kilos, poids inconnu pour les femelles de Rambouillet; ce qui fait qu'elle a réellement rendu 13 p. 100 de laine et non pas 5 comme il résulterait du poids exorbitant qui lui a été si faussement attribué.

Cette rectification faite, si on conservait la brebis n° 189 comme expression du troupeau de Rambouillet, ce ne serait plus 24, mais bien 50 p. 100 qui exprimerait la supériorité de l'ancien mérinos sur le nouveau, comme aptitude à produire de la laine, poids pour poids.

Les rendements qui résultent des données qui ont été fournies sur les mérinos améliorés n'ont donc rien d'extraordinaire. Il n'est pas nécessaire d'avoir recours à des mérinos bien recherchés pour les obtenir. Des troupeaux du type moyen comme le Dishley-mérinos ou équivalent, donneront ce rapport de la toison au poids vif. Sans aller bien loin, j'en trouve dans ce genre dont les brebis donnent 9.22 p. 100 et les antenaises 9.31.

LES GRANDS ET LES PETITS MÉRINOS COMME PRODUCTEURS DE LAINE

Mais, dira-t-on, il n'était pas nécessaire de se donner tant de peine pour arriver à prouver que les animaux de Rambouillet doivent donner une plus forte proportion de laine par rapport à leur poids que ceux auxquels on vient de les comparer; la chose va de soi.

En effet les bêtes de Rambouillet, étant plus petites que les autres, ont par cela même une surface proportionnelle de peau plus grande, et par conséquent elles doivent donner plus de laine.

L'observation est juste et se vérifie dans le troupeau lui-même.

Je remarque toutefois, avant d'aller plus loin, qu'à la tonte de 1877 les femelles vierges de 45 à moins de 50 kilogr. ont donné une quantité absolue de laine supérieure à celles de 50 kilogr. et plus ; qu'il en a été de même pour les femelles de 30 mois pour l'ensemble des 9 tontes de 1871 à 1877. Le plus grand poids des toisons a été fourni par les bêtes composant le cinquième moyen du troupeau et pesant 46^{k}, 809 l'une.

Ces constatations permettent déjà de dire que, même dans un troupeau de vrais mérinos, les bêtes qui ont une plus grande propension à se développer en ont une moindre à produire de la laine.

Pour pouvoir démontrer, en dehors de ces cas particuliers qui ont bien leur importance dans la question, que quand un animal prend un plus grand développement ce n'est pas seulement à la moindre étendue relative de sa peau qu'il faut attribuer l'abaissement du rapport du poids de sa toison à son poids vif, j'ai pris pour les 9 mêmes années que ci-dessus toutes les femelles de 1 an et demi et de 2 ans et demi, celles qui, encore vierges, n'ont pu être accidentellement éprouvées par la gestation et l'allaitement. Je les ai partagées en 5 sections ou groupes, d'après leurs poids. J'ai compris dans le groupe ou la section A le cinquième composé des plus légères ; dans la section B le cinquième dont le poids est immédiatement supérieur, et ainsi de suite, de sorte que la section E renferme les bêtes les plus lourdes.

En opérant ainsi, j'ai obtenu les résultats résumés dans le double tableau ci-dessous, qui est basé sur 1,836 bêtes.

SECTIONS	POIDS VIF moyen après la tonte.	POIDS moyens des toisons.	LAINE pour cent de poids vif.
Femelles de deux ans et demi.			
	kil.	kil.	kil.
Section A (bêtes du moindre poids). .	40,151	4,969	12,38
— B.	44,423	5,069	11,41
— C.	46,809	5,217	11,14
— D.	48,949	5,079	10,38
— E (bêtes les plus lourdes) . .	53,566	5,092	9,51
Femelles d'un an et demi.			
Section A (bêtes du moindre poids). .	37,290	4,765	12,77
— B.	41,439	4,905	11,83
— C.	43,920	4,927	11,22
— D.	46,252	5,091	11,01
— E (bêtes les plus lourdes) . .	50.458	5,123	10,15

Ces chiffres ne font que mettre mieux en évidence ce que nous savions déjà : ils nous démontrent d'une manière de plus en plus incontestable que, dans des bêtes de même catégorie, qui n'ont été exposées à aucune perturbation, les animaux de grand poids ne donnent pas une aussi forte proportion de laine que ceux d'un poids moindre ; mais c'est là toute leur signification.

Ils ne nous disent rien relativement à la quantité de laine produite par une même surface de peau chez les sujets de l'une ou l'autre section, et ce serait cependant ce qu'il importerait de savoir pour juger de la valeur réelle des bêtes.

Pour résoudre ce dernier point de la question, supposons que les sujets, petits et grands, légers ou lourds, sont tous de même modèle, que ce sont des corps géométriques semblables. Si alors, se basant sur ce principe que dans les corps semblables les volumes, ici exprimés par les poids, sont proportionnels aux cubes des dimensions homologues, on calcule pour chaque section la surface de peau des animaux, qui, elle, est proportionnelle aux carrés des mêmes dimensions, on obtiendra les chiffres de la dernière colonne du tableau ci-dessous ou la solution demandée.

SECTIONS	POIDS des ANIMAUX.	POIDS des TOISONS.	NOMBRE PROPORTIONNEL représentant la surface de peau.	RAPPORT DU POIDS de la toison à la surface de peau (1).
Femelles de deux ans et demi (2).				
	kil.	kil.	kil.	kil.
Section A. .	40,151	4,969	5,776	863
— B. .	44,423	5,069	6,178	820
— C. .	46,809	5,217	6,400	815
— D. .	48,949	5,079	6,593	770
— E. .	53,566	5,092	6,989	728
Femelles d'un an et demi.				
Section A. .	37,290	4,765	5,505	865
— B. .	41,439	4,905	5,898	848
— C. .	43,920	4,927	6,131	805
— D. .	46,252	5,091	6,336	803
— E. .	50,458	5,123	6,724	761

(1) Ou, en d'autres termes, chiffres qui expriment la quantité de laine produite dans chaque section par une même surface de peau.

(2) On a attribué à la section C des bêtes de cette catégorie une longueur de corps de 80 centimètres, dont le carré a fourni le nombre 6,400 exprimant la surface relative de la peau. Le calcul a déterminé la longueur de corps des autres sections, en s'appuyant sur le chiffre de 80 pris pour type et admis correspondant au poids de 46k,809.

Si on faisait les mêmes calculs sur les antenaises de M. Delamarre, celles qui ont le plus fort rendement en laine des bêtes signalées précédemment, on trouverait que leur surface de peau est représentée par le nombre 7.293 et que la quantité de laine qu'elles fournissent par unité de surface de la peau est exprimée par le nombre 663, notablement inférieur à 761, le coefficient trouvé pour les antenaises les plus mal cotées de Rambouillet.

Et pourtant si, comme l'a déjà constaté Tessier, on note que sous les mêmes apparences ou le même volume l'ancien mérinos pèse plus que les autres races, principe qui est conforme à ce que l'on observe dans toutes les espèces dont les races qui profitent de la stabulation sont toujours moins denses que celles qui vivent surtout aux champs; si, dis-je, on tient compte de ce fait, on en conclura que les animaux de M. Delamarre doivent avoir relativement une surface de peau plus grande que celle que le calcul a fournie.

Cette considération, qui tendrait à abaisser le chiffre de 663 que nous avons trouvé, peut être invoquée pour contre-balancer le plus grand développement de la peau que l'on pourrait attribuer à l'ancien mérinos par suite de l'angulosité de ses formes et des plis que la peau offre parfois.

Nous pouvons donc conclure, et notre conclusion est celle-ci : les animaux qui par leur nature sont peu portés à prendre du développement, ont en retour une propension plus grande à produire de la laine.

Et comme corollaire, en parlant des mérinos améliorés, j'ajouterai : Tout ce que l'on a fait et tout ce que l'on fera pour les pousser à la viande, à la précocité et par suite à la graisse, a affaibli et affaiblira en eux l'aptitude à la production de la laine.

En veut-on la preuve ? La voici :

Qu'on se reporte au tableau de la tonte en 1847 et en 1851 ; on y verra que les antenaises donnent plus de laine que les femelles de 30 mois, qui cependant sont l'élite des antenaises de l'année d'avant.

On sait quelles étaient les tendances d'alors, comment pour les servir on faisait intervenir le régime, l'alimentation et aussi la sélection. Or cette réduction dans la production de la laine chez des animaux qui auraient dû voir augmenter leur toison, ne peut être attribuée qu'au ralentissement de l'activité de la peau par suite de son isolement du reste du corps par la couche de graisse sous-jacente, et aux choix des plus développés d'entre eux comme réserve pour la reproduction du troupeau.

Donc, encore une fois, le régime de précocité, régime d'alors à Rambouillet, régime actuel des mérinos améliorés et la tendance à grandir les animaux, font perdre vite aux bêtes de leur aptitude à produire de la laine.

Et comment pourrait-il en être autrement? Comprend-on une race à tout faire, si éminemment douée sous tous les rapports qu'elle égale les types extrêmes dans leurs avantages caractéristiques et respectifs : le mérinos pour son rendement en laine, et les races de boucherie pour leur produit en viande?

Ce serait proclamer que l'espèce ovine fait exception; qu'elle se distingue des autres espèces domestiques en ce qu'elle n'a pas ou n'aura bientôt plus de races spéciales, car celle qu'on signale, réunissant tous les avantages au suprême degré, ne devrait pas tarder à supplanter toutes les autres et à les faire disparaître.

On pourrait se demander comment il peut se faire que parce que des animaux sont mieux nourris (car c'est beaucoup en cela que le mérinos amélioré diffère de l'ancien) ils donnent moins de laine, attendu qu'il paraît naturel que si la nourriture, plus riche et plus abondante, profite au corps, elle ne peut nuire à la toison qui pour sa production peut y trouver des éléments utiles.

Pour répondre à cette question, je demanderai à mon tour comment il se fait qu'un champ de blé surfumé, ou qui a reçu certains engrais, pousse follement en paille et ne donne pas autant ni d'aussi bon grain que si la fumure avait été réduite on même nulle.

Les cultivateurs expliquent cette contradiction en admettant que la plante, toujours poussée à l'accroissement par l'abondance des sucs qui lui arrivent, n'a pas eu le temps d'en compléter l'élaboration, de la parfaire pour en former le grain.

D'autre part, ne sait-on pas que parmi les animaux, les vaches par exemple, susceptibles de donner un double produit, tirent des partis différents de rations différentes; que telle ration composée de certaine manière les poussera davantage au lait, et que telle autre les engraissera de préférence?

Il se peut d'ailleurs que le grain, qui par son emploi abusif permet seul la surabondance de la nourriture ingérée et digérée, ne soit pas ce qui convient le mieux à la constitution de la laine. On semblait l'exclure autrefois, quand on recommandait, pour les bêtes à laine fine et abondante, les pâturages délicats plutôt que riches et les bons foins.

Virgile était déjà de cet avis, car je lis par hasard dans une traduction de ses œuvres ce passage : « Si tu élèves des brebis pour la laine, éloigne-les des pâturages trop gras. »

Ces recommandations sont très logiques du reste, car le mérinos, comme tous les ruminants, est avant tout herbivore. On lui sait une peau très large, très développée, ce qui, dit-on, correspond à des organes digestifs étendus et énergiques. Il est donc capable de digérer une grande masse d'aliments dans lesquels, si pauvres qu'ils soient, il trouvera encore de quoi suffire à ses besoins. Et n'est-ce pas l'écarter de sa destination naturelle, lui enlever une partie de ses avantages et l'empêcher peut-être d'élaborer son produit le plus précieux, que de le gorger d'une nourriture plus coûteuse qu'il ne nécessite réellement?

Enfin les aliments peu riches, grossiers et bruts, en excitant et développant l'énergie des organes digestifs, ne pourraient-ils aussi donner une plus grande activité à la peau que l'on dit être en relation étroite avec l'intestin ?

Le fait est que dans l'Amérique du Sud, où les moutons n'ont qu'un gros pâturage pour toute ressource, les animaux de Rambouillet, au dire des estancieros qui les achètent, y donnent en neuf mois la même quantité de laines qu'ils fournissaient en France en un an.

CE QU'EST LA LAINE COMPARATIVEMENT CHEZ L'ANCIEN MÉRINOS ET CHEZ LE MÉRINOS AMÉLIORÉ

Il me reste, pour compléter la comparaison entre les anciens et les nouveaux mérinos, à rechercher ce qui chez les uns et chez les autres se rapporte à la laine considérée en elle-même.

Sans plus d'indiscrétion que précédemment, je pourrai puiser, pour ce travail, dans la collection que la bergerie a été autorisée à faire en 1867 en prélevant un échantillon de toutes les laines exposées au Champ-de-Mars.

Ce serait faire injure aux éleveurs, que j'aurai à nommer plus tard, que de supposer qu'ils n'avaient pas su choisir les objets de leur exhibition. Les échantillons dont il s'agit se rapportent donc à des toisons que l'on ne peut présumer être inférieures à la qualité moyenne de leurs troupeaux.

Mes rapprochements ne porteront que sur les points déjà envisagés lorsque je me suis occupé de la laine de Rambouillet; la longueur de la mèche, le nombre de ses ondulations sur un centimètre et le diamètre du brin.

Cette fois encore j'ai préféré compter les frisures ou ondulations sur une longueur donnée, parce que ce travail exige moins d'habileté que n'en réclame la mesure exacte du brin redressé. Je l'ai fait aussi parce que le nombre des ondulations correspond mieux à la finesse que l'augmentation de longueur que l'on obtient par le redressement, et est plus conforme aux usages de la pratique.

Il m'a semblé en outre que ces frisures, qui forment autant de crochets par lesquels, lors de l'emploi en filature, les brins se relient les uns aux autres, ont leur valeur dans l'appréciation de la qualité de la laine, en ce sens qu'elles sont une garantie de solidité des fils auxquels elles donnent en même temps plus de ressort.

Sous ce rapport elles ne sont donc pas indifférentes à constater.

Quant à la relation qu'on a voulu établir entre leur multiplicité et la finesse, voici ce que me disait un étranger, grand propriétaire de troupeaux, pour me la faire saisir et me l'expliquer.

Développez un fil, une ficelle, un cordeau et une corde, ils serpenteront et, effet de torsion à part, plus le lien sera gros, plus par conséquent il sera rigide et moins les anses seront nombreuses.

Je sais bien qu'on pourra dire que le brin de laine n'est pas à assimiler à un lien formé de nombreux filaments; je sais bien aussi que bien des laines à nombreuses frisures sont moins fines que d'autres qui en ont peu; mais tout cela ne prouve pas que les ondulations resserrées de la laine ne signifient rien quant à sa finesse et qu'il n'y a pas à les considérer.

Les diamètres ont été pris sur des brins non dégraissés et non lavés, pour le troupeau de Rambouillet comme pour les autres, et mesurés avec le même instrument. Si on m'objectait que les résultats ne sont pas absolument vrais, je pourrais répondre qu'ils sont comparables entre eux et que cela suffit à l'usage que j'ai à en faire.

Ces points expliqués, voici les résultats de mes opérations sur les laines des troupeaux déjà signalés et sur quelques autres.

PROPRIÉTAIRES des TROUPEAUX.	BÉLIERS — LONGUEUR de la mèche.	BÉLIERS — ONDULATIONS par centimètre.	BÉLIERS — DIAMÈTRE du brin.	BREBIS — LONGUEUR de la mèche.	BREBIS — ONDULATIONS par centimètre.	BREBIS — DIAMÈTRE du brin.	MOYENNES PAR TROUPEAUX — LONGUEUR de la mèche.	MOYENNES PAR TROUPEAUX — ONDULATIONS par centimètre.	MOYENNES PAR TROUPEAUX — DIAMÈTRE du brin.
Laines de mérinos dits améliorés.									
	mill.			mill.			mill.		c. m.
Roger	65	15	3.01	»	»	»	65	15	3.04
Noblet	71	17	2.11	»	»	»	74	17	2.41
Lefèvre	65	13	2.32	80	15	2.18	72	14	2,25
Japiot	65	16	2.90	73	14	2,61	69	15	2,75
Husin	63	15	1,88	52	18	2,32	57	16,3	2,17
				58	16	2.32			
Duclert	82	13	2.32	76	12	2,61	77,3	12,3	2,27
	74	12	1.88						
Conseil	82	11	2.90	73	15	2.61	75,5	14,5	2.75
Delizy	76	16	3.19	63	16	2.17	69,5	16	2.68
Minelle	60	16	2,17	»	»	»	76,6	11,3	2.11
	80	7	2,61						
	90	11	2,46						
MOYENNES	73	13,7	2,51	67,8	15.1	2.10			
Moyenne des moyennes des béliers et des brebis							70,1	11,1	8,45
Moyennes des 11 années (1867-1877) à Rambouillet.									
Rambouillet	66,23	15,33	2,26	59.36	18,1	2.03	62,79	17.02	2,15
Laines de Naz.									
Girod de l'Ain	51	18	2.32	40	21	1.16	54,37	22,6	1,68
	60	23	1.60	45	26	1,60			
	65	20	1.71	50	25	1.15			
	66	23	1.71	55	22	1,88			
De Terrasson	45	22	1.88				45	22	1,88
MOYENNES	58	21.20	1,86	47,5	21.5	1,52			
Moyenne des moyennes des béliers et des brebis							52,75	22,72	1,69

8

Que résulterait-il de ces chiffres s'ils étaient assez nombreux pour baser une loi, sinon que le troupeau de Rambouillet reste toujours supérieur en finesse à ceux que dernièrement on a voulu lui opposer; que le Naz conserve sa supériorité sous ce rapport; qu'enfin il y a une corrélation générale que l'on ne peut nier entre la longueur de la mèche, le rapprochement de ses ondulations et la finesse de la laine?

N'en résulterait-il pas encore que les mérinos dits améliorés seraient plus exactement désignés sous le nom de mérinos amplifiés; que chez eux toutes les parties grandissent en même temps que l'ensemble; que la laine s'allonge et grossit comme le corps?

Enfin le Naz, qui est comme une réduction du mérinos, confirmerait ce principe appliqué dans le sens contraire puisque, le plus petit de tous les mérinos, il a aussi de tous la laine la plus courte, la plus ondulée et la plus fine.

CONTRADICTIONS APPARENTES

Comment concilier ces deux choses : à Rambouillet les animaux donnent une laine moins longue et plus fine, et, en même temps, ils en fournissent un poids plus élevé, sur une même surface de peau, que les mérinos nouveaux.

Cette double proposition semble se contredire dans ses termes, et pourtant elle n'est que la conséquence inéluctable du rapprochement du dernier tableau avec l'un de ceux qui le précèdent.

On pourrait d'abord répondre que la laine de Rambouillet, réputée pour sa force et son nerf, pourrait bien être d'un tissu plus serré et plus dense. C'est là une simple conjecture ; mais qu'y aurait-il d'étonnant à ce que l'ancien mérinos, d'une nature plus sèche, d'un corps plus lourd sous les mêmes apparences que les autres, ait une laine participant de ces caractères et par conséquent plus dense elle-même, ce qui expliquerait d'ailleurs sa plus grande résistance lorsqu'on veut la rompre?

En second lieu, on pourrait rappeler que si cette laine est à la fois plus courte et plus fine, elle est en même temps plus serrée, plus tassée et que l'on sait que c'est surtout le tassé qui fait le poids des toisons.

Je n'ignore pas que l'on a dit que les laines courtes paraissent toujours plus tassées, mais que ce n'est qu'une apparence ; qu'avec une laine longue, l'agrandissement plus considérable de la face extérieure de la toison amène forcément le plus grand écartement de la pointe des mèches, et fait que l'on croit les brins de laine moins rapprochés qu'ils ne le sont réellement.

Mais, de ce que la laine longue paraît moins tassée qu'elle ne l'est en réalité, s'ensuit-il nécessairement qu'elle le soit autant que la laine courte? Évidemment non. Pour s'en convaincre on n'a qu'à prendre deux animaux de types différents ; l'un à laine longue dans sa race, l'autre à laine plus courte, et tondus respectivement à des époques telles qu'ils avaient à un moment donné la même longueur de mèche. Au premier aspect on verra que celui qui a la laine naturellement courte a la toison plus fermée que l'autre. Si on appuie ensuite la main sur le dos de chacun, sur l'un on sentira la laine résister comme le ferait une brosse, sur l'autre elle s'affaissera. C'est que dans le premier cas les brins, très rapprochés, se prêtent un mutuel appui ; tandis que dans le second, plus éloignés les uns des autres, ils ne sont plus solidaires, ils ne se soutiennent plus.

Enfin, il ne faut pas oublier que le tassé va de pair avec la couverture plus complète du corps du mouton par sa toison, que les ventres sont généralement mal garnis chez les animaux à longue mèche; les espaces dénudés, ars et intérieurs des cuisses, bien plus étendus. Chez les agneaux à laine courte, il n'est pas extraordinaire d'en rencontrer dont les ars sont complètement garnis de laine. Cette laine n'apparaît plus, plus tard, usée qu'elle est par les frottements qu'occasionne la marche. Or les grands mérinos n'offrent rien de semblable.

Qu'on tienne compte de toutes ces circonstances et on ne se refusera pas à admettre la vérité du principe qui se déduit du rapprochement des deux tableaux que j'ai rappelés, bien que d'abord les termes semblent se contredire.

On pourrait presque dire qu'il en est de la toison comme de certaines récoltes qui sont surtout abondantes lorsque l'espace qu'elles occupent est complètement et uniformément garni et sans vide, que les tiges y sont très serrées, bien que dans ce cas elles soient relativement moins longues et plus fines.

Alors, par une analogie peut-être un peu risquée, revenant au mouton, on dirait avec les praticiens : Si la laine est plus longue, ses brins sont plus gros et moins rapprochés.

VARIATIONS DANS LA LONGUEUR ET LE DIAMÈTRE DE LA LAINE SUIVANT LES SEXES

On trouvera dans ce qui a été fourni précédemment une foule de chiffres qui suffiront pour résoudre la question de la longueur et de la grosseur relatives de la laine chez le bélier et chez la brebis.

Je les rappelle en substance.

Le tableau donné à l'occasion de l'étude de la laine dans le troupeau de Rambouillet montre qu'à part deux discordances, la laine est moins longue, plus ondulée et plus fine chez la brebis que chez le bélier.

Parmi les laines exposées en 1867, l'ensemble de celles que j'ai eu à examiner pour les comparer à celles de Rambouillet, conduit à la même conclusion tant pour les mérinos améliorés que pour les Naz.

En relevant tous les chiffres relatifs aux béliers et aux brebis mérinos qui figurent dans les *Recherches expérimentales* déjà citées, on obtient des résultats qui n'infirment en rien ce principe.

En effet, l'ensemble lui est conforme. Les discordances dans les détails qu'on y relève étaient inévitables. Elles peuvent s'imputer à ce que les échantillons au nombre de trente-quatre seulement, pris dans treize troupeaux assez différents, ne sont pas en nombre suffisant pour être l'expression exacte de la moyenne de chaque sexe dans chacun d'eux.

Des 17 béliers et des 17 brebis cités, en faisant la moyenne on a :

Pour la laine des béliers :

85 millimètres de longueur de mèche ;
2,21 cent millièmes de diamètre du brin.

Pour la laine des brebis :

84 millimètres de longueur de mèche;
1,95 cent millièmes de diamètre du brin.

D'après ces trois séries de chiffres on peut considérer comme vrai le principe qui dit que la laine est plus longue et plus grosse chez les mâles que chez les femelles.

Comme pour les troupeaux comparés entre eux (Mérinos améliorés, Rambouillet et Naz) le fait tient peut-être à ce que dans le mérinos le bélier est notablement plus développé que la brebis.

Tout en admettant le principe comme établi, je réitère les réserves que je n'ai cessé de faire en toute occasion ou qui au moins ont été constamment dans ma pensée : je ne m'occupe que de généralités; je n'ignore pas qu'en prenant isolément quelques sujets, surtout en les choisissant en vue d'une solution déterminée, il serait facile de fournir des exemples contraires, car on trouvera dans le même troupeau des béliers ayant la laine plus courte et plus fine que bon nombre de brebis, et réciproquement certaines brebis l'ayant plus longue et plus grosse que bien des béliers.

VARIATIONS DANS LA LONGUEUR ET LE DIAMÈTRE DE LA LAINE SUIVANT LES AGES

J'avais partagé l'opinion reçue que la laine s'affine et perd de sa longueur chez les animaux à mesure qu'ils avancent en âge; je ne la répudie pas encore entièrement; mais, ainsi qu'on va le voir, il m'a été impossible de l'appuyer d'une démonstration satisfaisante.

1° Nous avons dans la collection de laines de la bergerie les catégories d'âges indiquées pendant 20 ans, de 1787 à 1806. Elles sont aussi déterminées dans les neuf dernières. En groupant tout ce qui a trait à ces échantillons, on est loin d'arriver à un résultat décisif. Il est vrai que les animaux sont donnés comme ayant respectivement 2 et 5 ans, que les différences d'âges sont assez faibles, que l'influence de la vieillesse n'a pu encore se faire sentir ou qu'elle a pu être contre-balancée par le hasard des choix, car il ne s'agit pas des mêmes bêtes aux deux âges.

Voici, par séries, ce que donnent ces 29 années :

SÉRIES D'ANNÉES.	JEUNES BÊTES.			VIEILLES BÊTES.		
	LONGUEUR de la mèche.	ONDULATIONS par centimètre.	DIAMÈTRE du brin en centimètres	LONGUEUR de la mèche.	ONDULATIONS par centimètre.	DIAMÈTRE du brin en centimètres
Mâles.						
	mm.			mm.		
1787 à 1796	55,8	15,3	2,16	56	15,3	2,16
1797 à 1806	58,3	17	2,06	60,7	17,3	2,22
1869 à 1877	69,3	15,4	2,27	65,8	15,8	2,25
Moyennes. . . .	61,1	15,9	2,16	60,8	16,1	2,21
Femelles.						
1787 à 1796	53,8	16	2	51,6	15,9	2,12
1797 à 1806	57,2	16,9	1,90	55,6	18,2	1,84
1869 à 1877	64,9	17,3	1,96	53,7	19,4	2,19
Moyennes. . . .	58,6	16,7	1,95	53,6	17,8	2,05
Récapitulation.						
Moyennes des mâles.	61,1	15,9	2,16	60,8	16,1	2,21
Moyen. des femelles.	58,6	16,7	1,95	53,6	17,8	2,05
Moyennes générales . .	59,8	16,3	2,06	57,2	16,9	2,13

La conclusion que l'on voudrait tirer de ces chiffres renverserait totalement les idées reçues. Pour s'en défendre il faut se demander si ces résultats ne sont pas dus, comme je l'ai déjà dit, au hasard des choix et en outre à celui des brins mesurés; car ces brins, il s'en faut de beaucoup, ne sont pas tous de même diamètre, quoique faisant partie de la même mèche.

Une autre considération encore plus puissante pour commander la réserve à cet égard, c'est que des animaux de 5 ans ne peuvent être considérés comme vieux vis-à-vis d'autres de 2 ans. On ne tardera pas à voir qu'ils n'ont pu baisser, puisque leurs poids et leurs toisons augmentent à cet âge chez ceux dont nous allons nous occuper.

2° Pour éviter l'une des causes d'erreurs que j'ai signalées plus haut, j'ai recherché, parmi les échantillons divers de laine, ceux qui se rapportent aux mêmes animaux, aux âges extrêmes. J'en ai trouvé de neuf béliers et de cinq brebis et j'ai pris pour chaque bête les deux qui correspondent, l'un au plus jeune âge, l'autre à l'âge le plus avancé.

Voici ce qui résulte de leur examen et du relevé des cahiers de tonte :

NUMÉROS DES BÊTES.	JEUNE AGE.						AGE PLUS AVANCÉ.					
	AGES des bêtes.	LONGUEUR de la mèche.	ONDULATIONS par centimètre.	DIAMÈTRE du brin.	POIDS VIF après la tonte.	POIDS des toisons.	AGES des bêtes.	LONGUEUR de la mèche.	ONDULATIONS par centimètre.	DIAMÈTRE du brin.	POIDS VIF après la tonte.	POIDS des toisons.
Mâles.												
		mm.			kil.	kil.		mm.			kil.	kil.
1169	1 an 1/2	75	16	2,32	75	7,02	4 ans 1/2	71	16	2,46	88	6,90
1547	1 an 1/2	66	13	2,17	72	6,28	5 ans 1/2	68	15	2,32	92	7,50
110	2 ans 1/2	80	15	2,17	83	7	4 ans 1/2	76	15	2,32	107	7,70
266	1 an 1/2	76	14	2,32	62	10.50	4 ans 1/2	66	13	2.61	100	9.10
102	3 ans 1/2	59	14	2.32	72,5	9.55	4 ans 1/2	59	16	2.32	77	9,95
629	3 ans 1/2	66	15	2,32	87	9,20	5 ans 1/2	60	16	2.17	83	8.25
744	1 an 1/2	70	15	2.17	67	6,50	2 ans 1/2	75	15	2,17	80	7.75
761	1 an 1/2	80	13	2,32	69	7,50	4 ans 1/2	69	14	2,17	81	8.30
1500	1 an 1/2	82	16	2,46	62	7,72	4 ans 1/2	76	16	2,46	82	6,80
MOYENNES. .	2 ans	72,7	14,6	2.26	72,4	7,921	4 ans 1/2	68.8	15.1	2,33	87.77	8,028
Femelles.												
62	1 an 1/2	60	16	2,17	47	5.12	8 ans 1/2	55	18	2.03	48	7.05
133	1 an 1/2	62	14	2,32	50	6.90	7 ans 1/2	58	17	2.03	50	6,10
515	1 an 1/2	70	17	1.88	50	5.30	5 ans 1/2	53	17	1.88	51	5,62
1317	2 ans 1/2	57	16	2,32	48,5	5.61	5 ans 1/2	55	18	2,32	50	5
63	6 ans 1/2	50	20	2.03	47	5.40	9 ans 1/2	50	20	2.03	41	6
MOYENNES. .	2 ans 1/2	59.8	14.6	2,16	48,5	5.666	7 ans	51.2	18	2,06	48,6	5.954
Récapitulation.												
Moyennes :												
Des mâles . .	2 ans	72,7	14,6	2,26	72,4	7,921	4 ans 1/2	68.8	51,1	2.33	87,777	8.028
Des femelles. .	2 ans 1/2	59.8	14,6	2,16	48.5	5,666	7 ans	54.2	18	2.06	48.600	5,954
GÉNÉRALES.	2 ans 1/4	66,2	14,6	2,21	60,45	6.793	6 ans	61.5	16,5	2.19	68,188	6,991

Ici encore les idées reçues sont bien peu confirmées quant au diamètre de la laine, car elles sont en partie en défaut pour les mâles, faiblement sanctionnées pour les femelles, et dans l'ensemble des deux sexes elles ne reçoivent qu'un mince crédit.

Pour expliquer ces résultats, ou faibles ou contradictoires, on fera observer que rien dans les animaux n'annonce la vieillesse ou la décrépitude, puisque, loin de baisser de poids, ils ont augmenté et que leur aptitude à donner de la laine s'est maintenue intacte, s'est même accrue en somme, comme le prouve le poids plus élevé de l'ensemble des toisons de l'âge avancé.

3° Enfin, pour contre-balancer, par des nombres moins restreints mais encore très insuffisants, les chances d'erreurs que j'ai signalées, j'ai pris tous les échantillons se rapportant aux mêmes bêtes; je les ai partagés en deux moitiés, l'une composée de ceux qui se rapportent à la première période de la vie, l'autre à la seconde. J'ai pu ainsi réunir 26 échantillons de laine de béliers, 13 pour chaque âge et 14 de brebis ou 7 pour chaque âge; le même animal étant parfois représenté par deux échantillons dans l'un et l'autre âge.

Les résultats obtenus se résument ainsi :

	Longueur de mèche.	Ondulations par centimètre.	Diamètre du brin.
	mil.		c. mil.
Jeunes béliers.	73	14,6	2,28
Vieux béliers.	68	15,3	2,27
Jeunes brebis.	59,6	16,1	2,17
Vieilles brebis	54,4	16,4	2,11
Jeunes bêtes en moyenne .	66,3	15,3	2,22
Vieilles bêtes en moyenne.	61,5	15,8	2,19

Cette fois tous les résultats concordent avec le principe émis, mais les différences sont si peu accusées que la démonstration n'est pas très significative. On comprendra toutefois qu'il n'en pouvait guère être autrement si l'on songe que les animaux ne sont maintenus à l'établissement que tant qu'ils conservent la plénitude de leur santé et de leur vigueur.

Pour moi, il n'est pas douteux que dans l'état de marasme, de maladie ou d'extrême vieillesse des bêtes, la laine s'affine, s'amincit et s'affaiblit très sensiblement. Ce que l'on appelle la laine à deux bouts en est la preuve irrécusable : quand un mouton a souffert à un certain moment, qu'il cesse de se nourrir et d'assimiler, la laine produite pendant ce temps critique est d'une finesse tellement exceptionnelle que le praticien s'en aperçoit à première vue lorsqu'il ouvre la toison sur le dos de l'animal, les mèches offrent toutes une barre transversale, une sorte de dépression qui correspond au temps de la souffrance.

Je ne dirai pas qu'alors la laine s'améliore, qu'elle gagne en valeur; j'opterais au contraire pour l'opinion inverse, car elle a perdu de sa force. Je veux seulement dire que si la laine s'affine indubitablement et sensiblement par l'effet de ces causes poussées à l'excès, elle peut bien se modifier dans le même sens, quoique d'une manière moins saisissable, lorsque la cause a moins d'intensité, lorsque par exemple arrive le déclin de la vie.

Pour trancher cette question, pour arriver à une preuve palpable et irrécusable, il faudrait autre chose que ce que le hasard a mis à ma disposition. Il faudrait des expériences judicieusement instituées et longtemps poursuivies, comme, par exemple, prendre un certain nombre d'animaux exubérants de vigueur, et les attendre plus tard quand la vie se ralentit et décline. En opérant ainsi avec méthode, on prouverait, j'en suis persuadé, que la laine des animaux âgés s'amincit, mais pas dans la proportion admise jusqu'ici.

LE VRAI MÉRINOS ET LA PRODUCTION DE LA VIANDE

De même que je nie que les mérinos améliorés puissent donner autant de laine, par rapport à leur poids, que l'ancien mérinos, de même je me refuse à la prétention d'élever le mérinos à la hauteur des races de boucherie quant à la précocité et au rendement pour cent en viande nette.

Mais si le haut rendement en viande et le rapide développement sont des perfections importantes dans la question, ce ne sont pas toujours des conditions absolues de la production à bon marché de la viande ; c'est peut-être encore moins le moyen *sine qua non* d'accroître la somme des subsistances.

Quel est en effet le but de la production de la viande ? C'est de fournir à l'homme un aliment concentré de plus en plus en usage, de plus en plus nécessaire.

Et quel doit en être le moyen préférable, sinon de transformer avant tout en produits de cette nature, d'abord ce qui se perd, et ensuite ce qui ne peut servir directement à l'alimentation publique?

Or, on sait que pour effectuer cette transformation, les animaux, quels qu'ils soient, usent pour l'entretien de leurs organes et de leur propre existence une partie de ce qu'ils absorbent; que ce n'est que le surplus, que la portion que l'on désigne sous le nom de ration de production, qui, par ses matériaux, sert à constituer le produit en vue.

Il suit de là que plus cette dernière part sera forte relativement à la première, plus la production sera abondante relativement à l'ensemble de la consommation, et qu'en distribuant largement les aliments au bétail il en ressort plus d'effet utile que si on se montre trop parcimonieux.

Ce raisonnement a conduit à la création et à l'adoption des races précoces. On s'est dit qu'en amenant un animal à tout son développement en moitié moins de temps, on supprimait, ou économisait par le fait moitié de la part des fourrages consacrés au simple entretien de la vie, et qu'en gagnant du temps on gagnait de l'argent.

Pour atteindre ce but, surtout pour arriver aux dernières limites, il n'a bientôt plus suffi de donner des aliments en plus grande quantité; la capacité limitée des organes digestifs imposant de ne pas dépasser un certain volume, pour fournir plus de principes alibiles, il a fallu donner des denrées plus riches, c'est-à-dire plus coûteuses toute proportion gardée.

C'est ainsi qu'on a été amené à exagérer les rations et à les composer d'aliments de plus en plus concentrés et chers. En cela, voulant toujours faire mieux, on a parfois cessé de faire aussi bien, comme ce qui va suivre tendrait à le prouver.

Un journal agricole a publié il y a quelques années les résultats obtenus avec certains moutons soumis à un régime indiqué, par un agriculteur éminent qui imprimait deux directions différentes aux deux éléments de son troupeau. Les mères, de race commune, étaient au régime du parcours, et les agneaux, nés d'elles et de béliers du meilleur type de boucherie, étaient maintenus dans la spécialité de la race du père, poussés de nourriture et livrés très jeunes à la boucherie comme moutons précoces donnant une viande de choix.

Tout le monde a applaudi, comme, à première vue, j'ai applaudi moi-même à cette combinaison très judicieuse. Eh bien, en prenant les chiffres fournis à cette occasion et en me reportant au mérinos du troupeau de Rambouillet, j'ai pu reconnaître et faire voir qu'avec la même nourriture, et bien mieux encore avec l'emploi en autres denrées de l'argent qui la représente, le vrai mérinos donnerait plus de viande que ces animaux pourtant très perfectionnés et irréprochables.

Il est vrai qu'au lieu de donner 50 p. 100 de viande nette, le mérinos n'en donnerait pas plus de 45; mais par son plus grand poids vif, tout calcul fait, il fournirait 100 de viande quand les autres n'arrivent qu'à 90.

Qu'on cesse donc, après ce rapprochement, de dire que le vrai mérinos a fait son temps, qu'il ne peut produire de viande.

Suit-il de ce qui précède que je veuille induire que le mérinos est non seulement supérieur comme producteur de laine, mais encore comme producteur de viande, à l'un des meilleurs types de boucherie? Non, mille fois non, car l'infériorité de la bête de boucherie, battue ici sur son propre terrain, n'est qu'une apparence; elle ne préjuge rien quant à l'animal; c'est un résultat défavorable uniquement dû à l'exagération de son régime.

En effet, pour économiser de plus en plus les rations d'entretien et ajouter encore à la précocité naturelle de la race, on a forcé la nourriture, qui, ramenée d'après le vieux système en équivalent de foin, n'est pas moins de 8 p. 100 du poids vif. Or il se peut que la puissance d'assimilation des organes n'aille pas jusque-là; qu'une partie des aliments ait traversé les voies digestives sans profit, et qu'on ait ainsi plus perdu sur la ration de production qu'on n'a pu économiser sur les rations de simple entretien. C'est ce que prouverait encore un article de M. Lecouteux dans lequel il fait voir que des animaux soumis, à Vincennes, à un régime intensif donnent dans leurs produits environ le tiers seulement de la proportion que Boussingault obtenait sur l'ensemble de son bétail soumis à un régime modéré.

Que le régime des animaux soit contenu dans de justes limites, et les races bénéficieront de leurs avantages respectifs; car pour moi il n'est pas douteux qu'elles ont chacune leurs aptitudes spéciales; que si on veut en tirer profit, il importe de ne pas méconnaître ces destinations naturelles. La place des races de boucherie ou précoces est dans les pays riches, à culture intensive, où tout peut se régler presque à volonté; celle des races tardives, et plus particulièrement à toison abondante, est dans les pays pauvres ou à culture pastorale, lieux où, en partie du moins, ils sont à la merci du temps et des saisons.

L'ancien mérinos, j'insiste sur ce point, ne tirerait pas, en thèse générale, d'une ration riche tout le parti qu'au point de vue de la boucherie on obtient des races spéciales à viande. En revanche, en sa qualité de gros mangeur, peu difficile sur la qualité, à cause de sa voracité d'appétit, de l'étendue et de l'énergie de ses organes digestifs, avec des aliments bruts, grossiers, pauvres et peu coûteux, qu'il importe surtout de transformer et d'approprier aux besoins de l'homme, il aurait l'avantage.

Un tel régime ne l'empêcherait pas de prendre de la chair, de la graisse même, à en juger par ce qui s'observe chaque année dans la troupe de brebis de Rambouillet. Ces bêtes durant la belle saison n'ont que le parcours sur de véritables pacages ou de mauvais pâturages, et elles se trouvent avoir à l'automne tout l'embonpoint que peut exiger un boucher soucieux de contenter sa clientèle.

Mais il y a des situations intermédiaires où la question n'est pas aussi tranchée, Les concours régionaux témoignent des hésitations des meilleurs esprits dans bien des circonstances. A ces concours, dans la section des mérinos et métis-mérinos, tantôt ce sont les mérinos du type le plus pur qui recueillent les premiers prix, tantôt ils sont évincés par des animaux fortement métissés ou modifiés. C'est que dans un cas la laine a été la considération prédominante, et la conformation dans l'autre.

Chacun ici a donc à étudier sa situation et à en déduire le choix qu'il a à faire dans l'intérêt du plus grand profit de son exploitation.

C'est pour se sortir d'embarras qu'en pareille occurrence on a mis en avant les mérinos de nouvelle création, oubliant trop volontiers que ces animaux, dits améliorés, exigent un régime encore plus amélioré qu'eux-mêmes, car, d'après l'auteur qui les a le plus glorifiés, c'est l'amélioration du régime qui est le principal, presque l'unique facteur de la précocité.

Dans ce nouveau type, par une nourriture exubérante, on arrive à obtenir des bêtes de 70, 100, 140, voire même de 150 kilos. On suppute ce que donnent par année des animaux de ce développement; on arrive à un chiffre fort séduisant pour un mouton, et on s'en sert pour écraser le mérinos ordinaire.

Mais a-t-on compté ce que coûte une telle bête? Non, on n'a pas voulu s'exposer, dit-on, aux *artifices de la comptabilité;* on a fait abstraction de la dépense pour ne retenir que la recette. A ce compte l'animal le plus grand devait toujours battre le plus petit : un bœuf eût encore bien mieux fait l'affaire.

Je me demande si ce dédain de la comptabilité, sous prétexte d'artifice, n'est pas le plus monstrueux des artifices que l'on puisse se permettre en pareil cas; et je proteste en disant que, si on considérait en même temps la dépense, on reconnaîtrait que le mérinos amélioré, poussé, choyé comme il l'est, n'a pas le don de fournir ses produits sans entraîner à des frais au moins proportionnels.

Je vais plus loin et j'ajoute que plus on le forcera en développement et en précocité, plus, semblablement à ce que j'ai remarqué, sa viande reviendra à un prix élevé, et plus élevé notamment que celle de l'ancien mérinos entretenu dans les conditions ordinaires.

Sans sortir de Rambouillet, en me confinant à ce troupeau, je trouverais une preuve matérielle à l'appui de cette opinion. J'ai dit précédemment que, à une certaine époque, on avait voulu y faire quelque chose ressemblant à du mérinos amélioré en dirigeant le troupeau vers la production de la viande. J'ai indiqué le poids des bêtes en 1847 et leurs consommations en 1846. Si je prends ensuite le poids actuel des animaux et leurs consommations, et que je compare ce qu'un même poids vif a nécessité dans un cas et dans l'autre, je trouve que, maintenant que les animaux sont moins poussés à la viande, ils n'exigent pour en produire un poids donné que 364 équivalents de foin, tandis qu'alors il en fallait 506.

Le mérinos peut donc donner avantageusement de la viande, tel qu'il est, sans qu'il soit besoin de le modifier, de le dénaturer. Le tout est de le placer dans son milieu, de ne pas lui demander ce qu'il ne peut fournir, ni haut rendement, ni trop prompt développement et d'éviter l'exagération des dépenses qu'imposeraient de telles prétentions.

Ce que je viens de rapporter doit suffire, malgré l'absence de précision scientifique qu'on pourra me reprocher, pour faire comprendre que le mérinos précoce est loin d'offrir les avantages qu'on a voulu lui attribuer; qu'en comptant bien, l'ancien type prévaudra toujours, parce que si, en donnant beaucoup de laine, il fournit moins de viande, il la donne à meilleur compte.

Mais pourquoi donc veut-on s'imposer de si grands efforts et les dépenses qui en sont la conséquence, pour grandir et dénaturer les petites espèces de bétail? Est-ce qu'il n'y a pas de grandes espèces, et, dans les petites, de grandes races qui sont là pour répondre à ce que peut prescrire l'abondance des ressources fourragères?

Ne pense-t-on pas que pour élever un mouton de petite race au poids excessif de 100 kilos et plus, il faille au moins le milieu dans lequel une vache bretonne se trouverait à l'aise, et cette bretonne, par son produit quotidien, ajouté à sa viande, ne serait-elle pas plus avantageuse que des moutons? Elle serait restée bête de parcours, elle; elle saurait vivre du pacage au besoin;

tandis que le mouton sur lequel on a voulu trop entreprendre a perdu beaucoup de son aptitude à vivre de ce qui se perd dans les champs, les chemins et les friches : il est désormais sans destination, puisqu'il est devenu impropre à celle que la nature lui avait assignée et qu'il répond mal à celle qu'on voudrait lui donner.

A un autre point de vue, quel bénéfice l'alimentation publique trouve-t-elle à ces tours de force ? Si on a en vue autre chose qu'un phénomène, qu'un objet de curiosité, se rend-on bien compte de ce qu'il coûte et de ce qu'il vaut ?

Si, pour se faire une opinion à cet égard, on scrutait ce qui a trait à la plupart des bêtes de concours, on verrait que beaucoup ont consommé, en aliments dérobés à l'usage de l'homme, plus qu'elles ne lui rendent ensuite pour sa subsistance.

Les concours d'animaux gras offriraient surtout cet enseignement. Il est vrai qu'ils ont un but spécial qui les justifie. En prouvant, dit-on, comment on peut amener les animaux à un état excessif, par des moyens dont on n'a pas à examiner l'économie, ils mettent sur la voie des méthodes lucratives. Mais s'ils ont ce résultat, ils ont aussi celui de faire voir, à qui veut les étudier, qu'il y a des limites à respecter si on ne veut dépenser plus qu'on ne produira. Témoin l'aveu d'un exposant souvent couronné à Poissy, qui, il y a quelque trente ans, assignait un prix de revient de 6 francs aux derniers kilogrammes d'augmentation de ses animaux de concours.

Or, s'il y a des bornes à ne pas franchir quand il s'agit de la courte période que représente un engraissement, à plus forte raison doit-il y en avoir, et de plus étroites, lorsqu'il est question d'élevage, c'est-à-dire de toute la durée de la vie.

Alors pourquoi reproche-t-on au mérinos ses trop nombreuses rations d'entretien, si on perd au moins autant sur les rations de production dont on surcharge les races précoces ou poussées à la précocité ? Non seulement le reproche fait à l'un s'applique à l'autre, mais il a une portée plus grande vis-à-vis de ce dernier. En effet, s'il y a analogie, puisqu'il y a perte de part et d'autre, par parcimonie d'un côté et profusion de l'autre, il y a aussi contraste par ce fait que ce que l'on a perdu sur l'entretien par la maigre ration du mérinos ordinaire est presque sans valeur et serait sans emploi sans lui, car lui seul peut le recueillir ou l'utiliser, tandis que ce que l'animal poussé à la précocité a laissé inerte dans une ration dépassant le pouvoir d'assimilation de ses organes est composé de denrées disponibles, susceptibles d'être mises en réserve pour un plus judicieux emploi, et ayant par cela même une valeur vénale facile à réaliser.

CONCLUSIONS

Je m'arrête, me résume et rapproche, en les rappelant, les principales conclusions que j'ai formulées à chaque occasion.

Après avoir suivi le troupeau de Rambouillet depuis son origine, j'ai constaté qu'il avait conservé ou repris ses qualités et ses aptitudes primitives ;

Que la toison s'était accrue en poids sans perdre sensiblement en finesse, et tout en gagnant en longueur de mèche ;

Que l'accroissement du poids des toisons n'avait eu lieu d'une manière appréciable que lorsque l'extrême finesse n'a plus été la première de toutes les conditions, et surtout que lorsqu'on avait renoncé à mettre les mérinos en lutte, sous le rapport de la viande, avec les races de boucherie.

En m'occupant des particularités, j'ai montré en quoi elles se résument et à quoi on peut les attribuer, et j'ai prouvé une fois de plus la fixité et la pureté du troupeau de Rambouillet par l'absence des écarts observés dans d'autres ; j'ai aussi relevé et réfuté en passant quelques assertions qui ont été publiées.

J'ai fait voir aussi que les mérinos dits améliorés ne sont pas des mérinos au même titre ni de la même valeur que le Rambouillet quant à la production de la laine ;

Qu'en thèse générale, dans un même troupeau, les bêtes les plus petites ont, toute proportion gardée, la toison la plus riche.

Enfin, on trouvera que j'ai semblé me complaire à confirmer quelques vieux préceptes de pratique touchant les qualités de la laine, la corrélation qui existe entre certains de ses caractères, et les variations qu'elle peut subir par le fait de diverses circonstances.

Et j'ai terminé en cherchant à prouver qu'il n'y a pas avantage à pousser le mérinos à la précocité, sous prétexte de lui faire produire de la viande à meilleur compte, car on s'éloignerait du but.

TABLE DES MATIÈRES

Pages.

Origine du mérinos et création de la bergerie de Rambouillet. . . 1

Premiers temps du troupeau de Rambouillet.. 4

Seconde importation et multiplication des bergeries de l'État.. . . 8

Caractères spéciaux, poids, taille et produits de l'ancien mérinos . 12

Variations dans le poids des animaux et de leur toison.. 23

Régime du troupeau aux diverses époques.. 39

Régime actuel du troupeau. 46

Conditions extrêmes à envisager aussi pour l'exploitation des mérinos. 48

Les caractères de la laine aux diverses époques de l'existence du troupeau 53

Particularités. 56

Ce qu'était l'établissement au début et comment sa destination et son nom ont changé.. 71

Aptitude à l'engraissement et qualité de la viande du mérinos. . . 74

Influence de l'engraissement sur la santé et sur un nouvel engraissement. 77

Croissance et persistance de la laine. 77

La tonte des agneaux et le tournis. 79

Robusticité, endurance et longévité.. 81

Améliorations réalisées dans les premiers temps. 83

Produits d'agneaux employés comme béliers. 84

Marche de la croissance des mérinos. 86

Fécondité et consanguinité.. 90

Fécondité des sœurs jumelles et mâles. 92

Prolificité ou puissance des béliers. 93

Statistique des naissances des sexes et des gestations simples et multiples. 97

Les mérinos de Rambouillet et ceux du temps présent comme producteurs de laine. 10

Les grands et les petits mérinos comme producteurs de laine. . . 103

Pages
Ce qu'est la laine comparativement chez l'ancien mérinos et chez le mérinos amélioré. 110
Contradictions apparentes. 114
Variations dans la longueur et le diamètre de la laine suivant les sexes. 117
Variations dans la longueur et le diamètre de la laine suivant les âges 118
Le vrai mérinos et la production de la viande. 124
CONCLUSIONS 132

Paris. Typ. G. Chamerot, 19, rue des Saints-Pères. — 25316.

www.ingramcontent.com/pod-product-compliance
Ingram Content Group UK Ltd.
Pitfield, Milton Keynes, MK11 3LW, UK
UKHW020914180726
13838UKWH00002B/546

9 782329 439402